我国污染红利的形成与抑制：理论与实证分析

张乐才 著

中国财经出版传媒集团
经济科学出版社
Economic Science Press

图书在版编目（CIP）数据

我国污染红利的形成与抑制：理论与实证分析/张乐才著．—北京：经济科学出版社，2018.4
ISBN 978-7-5141-9214-8

Ⅰ.①我…　Ⅱ.①张…　Ⅲ.①污染防治-研究-中国
Ⅳ.①X505

中国版本图书馆CIP数据核字（2018）第074484号

责任编辑：侯晓霞
责任校对：王肖楠
责任印制：李　鹏

我国污染红利的形成与抑制：理论与实证分析
张乐才　著
经济科学出版社出版、发行　新华书店经销
社址：北京市海淀区阜成路甲28号　邮编：100142
教材分社电话：010-88191345　发行部电话：010-88191522
网址：www.esp.com.cn
电子邮件：houxiaoxia@esp.com.cn
天猫网店：经济科学出版社旗舰店
网址：http://jjkxcbs.tmall.com
北京密兴印刷有限公司印装
710×1000　16开　13.75印张　220000字
2018年4月第1版　2018年4月第1次印刷
ISBN 978-7-5141-9214-8　定价：56.00元
（图书出现印装问题，本社负责调换。电话：010-88191510）

前　言

为什么我国的节能减排形势越来越严峻，应采用何种措施提高我国环境质量？对此问题的探讨持续吸引着政界与学界的广泛关注。鉴于此，本书决定以污染生产要素理论为切入点，探讨我国污染红利形成的机理以及污染红利的抑制，以期能为我国环境污染治理提供理论依据和对策建议。

本书运用理论与实证相结合的方法研究了我国污染红利的形成与抑制，本书的研究表明，我国污染红利的形成是经济增长、地方政府竞争、地区行政垄断以及收入差距等联合导致的结果。污染红利对我国经济增长、中小企业发展具有一定促进作用。但随着我国经济发展水平的提高，我国对污染红利的抑制也日益严格，虽然目前我国污染红利抑制政策还有很多不足和不完善的地方，但其对污染红利抑制取得了较好的抑制绩效，使2010年之后我国污染要素作为红利的现象正逐渐消失。本书的研究结论表现为以下四个方面：

（1）有关污染要素的理论分析表明：首先，污染要素价格的影响因素包括自然资源（尤其是不可再生资源）的丰裕程度和可替代、可更新程度以及环境偏好程度等。其次，污染作为一种生产要素具有成本效应和替代效应，污染红利之所以导致污染集聚是由于污染红利的纯价格效应与财富竞争效应联合引致。最后，在2010年之前为我国污染红利的形成阶段，在2010年之后则为我国污染红利的抑制阶段。

（2）有关污染红利的形成分析表明：首先，从环境禀赋形成机理的角度分析：污染红利受生产、贸易与技术发展约束。其次，由于地方政府竞争的存在，我国各地方政府均倾向于对污染不进行严格规制，由此导致了政府污染规制乏力；当政府污染规制乏力时，污染红利就会出现。最后，地区行政垄断程度与收入差距的增加均会导致污染红利增加。

(3) 有关我国污染红利对经济增长影响的分析表明：首先，由于污染红利一方面会导致企业扩大生产规模，另一方面会改变贸易结构，故污染红利具有经济引擎效应。其次，协整关系检验、格兰杰因果检验与脉冲响应函数法的分析结果均表明，我国污染红利对人均工业总产值增长具有正向影响。最后，污染红利的利用促进了对我国中小工业企业市场势力的提高。

(4) 有关污染红利抑制方面的分析表明。首先，由于负外部性的存在，企业实际污染红利利用数量会超过社会资源配置最优时的污染红利利用数量；由于正外部性的存在，企业污染红利抑制数量会低于社会资源配置最优时的抑制数量，导致污染红利抑制不足。其次，实证研究表明，我国污染红利的政府抑制政策与市场抑制政策力度增加均会带来污染红利减少。

本书的创新之处表现在两个方面。首先，通过大量第一手资料的分析，较全面的揭示了我国污染红利形成以及与污染红利对我国经济增长的影响。其次，建立了相关计量模型，并运用这些模型对污染红利形成、污染红利对经济发展的影响以及污染红利抑制绩效进行了实证分析。

本书就我国污染红利的形成以及抑制进行研究，既拓展了经济发展与环境污染问题的研究视角，也丰富了环境污染研究素材。本书提出的促进我国污染红利抑制的措施既能对我国污染红利抑制起到一定的促进作用，也能为其他国家与地区在经济发展中如何抑制污染红利提供参考和借鉴。

张乐才

2018年5月10日

目录

CONTENTS

第一章 导言

第一节　问题的提出

一、研究背景

从改革开发到现在，中国经济发展取得了举世瞩目的成就，然而，在取得发展成就的同时，中国也面临资源和环境所带来的巨大压力和挑战。目前，中国万元 GDP 能耗是世界平均水平的 3～4 倍，是日本的 8 倍。中国万元 GDP 耗水为 193 千克，世界平均水平是 55 千克。[①] 《2016 中国环境状况公报》指出，中国环境保护虽然取得了显著成绩，但仍然面临较大压力。水环境方面，遍布全国的 6124 个监测点的地下水评价结果显示，水质为优良级、良好级、较好级、较差级和极差级的监测点分别站 10.1%、25.4%、4.4%、45.4% 和 14.7%，各流域地下水水质监测结果总体水平均较差，全国地下水水质安全问题不容乐观；地表水方面，全国地表水 1940 个评价、考核、排名断面（点位）中，Ⅰ类、Ⅱ类、Ⅲ类、Ⅳ类、Ⅴ类和劣Ⅴ类分别占 2.4%、37.5%、27.9%、16.8%、6.9% 和 8.6%，说明地表水水质也不容乐观。大气环境方面，2016 年，全国 338 个地级及以上城市中，有 84 个城市环境空气

① 中国环境保护部，http：//www.zhb.gov.cn/。

质量达标，占全部城市数的24.9%；254个城市环境空气质量超标，占75.1%；338个地级及以上城市平均优良天数比例为78.8%，平均超标天数比例为21.2%；在474个城市（区、县）开展了降水监测，酸雨城市比例为19.8%。这说明中国大气环境污染仍然较为严重，清洁大气环境的压力仍然很大。

习近平同志强调："中国要坚定推进绿色发展，让良好生态环境成为人民生活的增长点、成为展现中国良好形象的发力点，让老百姓呼吸上新鲜的空气、喝上干净的水、吃上放心的食物、生活在宜居的环境中、切实感受到经济发展带来的实实在在的环境效益，让中华大地天更蓝、山更绿、水更清、环境更优美，走向生态文明新时代"①。2016年国务院《政府工作报告》指出：治理污染和保护环境是事关人民群众健康和可持续发展的大事，必须强力推进；必须加大环境治理力度，推动绿色发展取得新突破。② 因此，对中国经济发展所带来的环境污染问题进行全面而深入的分析，通过研究探索出一条使社会、经济、环境协调发展的道路是非常必要的。

二、研究目的和意义

为什么我国的节能减排形势越来越严峻，应采用何种措施提高我国环境质量，对此问题的探讨持续吸引着政界与学界的广泛关注。鉴于此，本书决定以污染生产要素理论为切入点，探讨我国污染红利形成的机理及对我国经济增长的影响以及污染红利的抑制，以期能为我国环境污染治理提供理论依据和对策建议。

同时，由于中国经济发展走在发展中国家前列，其经济—环境关系比其他发展中国家更为严峻，这也说明，随着其他发展国家的经济发展，其会不会重蹈中国发展带来的环境负面影响，这是一个值得引起各国研究者注意的地方。另外，中国在发展经济的同时，对环境污染治理采取了许多措施，这些措施的作用和影响不仅事关中国环境污染治理的成功，也能为其他国家正在出现或将要出现的环境污染治理提供宝贵的经验，这也是值得我们研究的地方。

---

① 习近平2016年1月18日在省部级主要领导干部学习贯彻党的十八届五中全会精神专题研讨班开班式上的重要讲话。

② 2016年国务院《政府工作报告》。

可见，从污染红利视角开展对我国环境污染的专题研究，不仅对我国经济可持续发展具有重要意义，也对其他发展中国家在经济发展中如何少用环境污染要素而走清洁发展道路具有重要的借鉴意义。

三、研究目标

研究污染红利的形成、污染红利对经济增长的影响以及污染红利的抑制，并根据相关结论提供有关污染红利的抑制对策是本书的主要目标。同时，为环境污染治理研究提供素材是本书的附带目标。

四、研究的主题

通过本书的研究，我们需要对以下四大问题做出合理的解释：一是污染红利的特征；二是我国污染红利的形成机制；三是污染红利对我国经济增长的影响；四是我国污染红利的抑制。

1. 污染红利的理论概述

本部分主要回答以下几个问题。

（1）污染要素到底是一种怎样的生产要素？

（2）污染红利具有怎样的特征？

（3）污染红利如何促进污染集聚？

（4）如何对污染红利进行阶段划分？

2. 污染红利的形成机制

本部分主要回答以下问题。

（1）环境禀赋转化为污染红利受到哪些因素的影响？

（2）我国地方政府竞争引致污染红利的机理何在？我国地方政府竞争是否真正引致了污染红利？

（3）我国的地区行政垄断程度对污染红利有影响吗？如果有，是通过哪些渠道作用于污染红利？其作用机理何在？

（4）收入差距对污染红利具有怎样的影响？其通过哪些渠道影响污染红利？

3. 污染红利影响经济增长的作用机制

本部分主要回答以下问题。

（1）污染红利作为环境生产要素的一种比较优势，其对我国经济增长是否有影响？如果有，到底具有怎样的影响？

（2）污染红利如何影响我国工业经济增长？二者到底具有怎样的传导机制？

（3）污染红利影响中小企业发展吗？其影响的机理何在？

4. 污染红利抑制政策及抑制对策

本部分主要回答以下问题。

（1）我国污染红利抑制政策有哪些？其具有怎样的特点？

（2）我国污染红利的抑制绩效具有怎样的特征？

（3）如何采取有效措施抑制我国的污染红利现象？

第二节　理论研究综述

随着环境问题的突出，关于环境污染形成与治理问题引起了人们的广泛关注，学者们展开了热烈的讨论，取得了丰硕成果。

一、国外研究

（一）外部性理论与增长极限学说

已有文献显示，国外有关环境污染理论的早期研究主要包括外部性理论与增长极限理论两个方面。

1. 外部性理论

在西方经济学中，经济活动的外部性是用以解释环境问题形成的基本理论，外部性理论首先由马歇尔于1890年在《经济学原理》一书中首先提出，他认为外部性是指“一个经济主体的行为对另一个经济主体的福利所产生的影响，而这种影响并没有通过货币或市场交易反映出来。”[1] 最早对污染进行系统性分析的学者是庇古，他认为环境污染问题是由于外部性引起的（庇古，2006）。科斯认为，在不同的产权制度下，交易成本不同，从而对资源配置的效率有不同影响，所以为了优化资源配置，法律制度对产权的初始安排和重新安排的选择是重要的（科斯等，1994）。

2. 增长极限说

20 世纪 70 年代初，梅多斯等在《增长的极限》中就提到：“产业革命以来的传统的工业化道路，已经导致全球性的人口激增、资源短缺、环境污染和生态破坏，经济增长将受到自然资源的制约而不能长期持续，为了达到保护环境的目的，必须人为降低经济增长速度至零增长。”[2] 到 20 世纪 80 年代，主流观点还为，虽然有一些环保技术可以选择利用，但随着经济活动规模的持续扩大，环境将不断恶化。该观点可以由艾利希和霍屯（Ehrlich and Holdren，1971）所提出的 IPAT 模型来表示。该模型认为，影响环境的因素是人口总数、人均收入与技术水平以及三个因素相互间的作用。

（二）环境库兹涅茨曲线假说

1. 环境库兹涅茨曲线假说的提出

20 世纪 80 年代发展起来的可持续发展理念认为，经济增长并不会必然损害环境，事实上，减少贫困对保护环境而言必不可少（World Commission on Environment and Development，1987）。1991 年，格罗斯曼和克鲁格（Grossman and Krueger）通过对 42 个国家面板数据的分析，发现环境污染与经济增长的长期关系呈倒 U 型，并于 1993 年发表了他们的研究成果。潘纳约托（Panayotou，1993）进一步证实了这一结论，借用反映经济增长与收入分配之间倒 U 型曲线关系的库兹涅茨曲线来描述环境质量与经济发展之间的这种倒 U 型曲线关系，并称之为环境库兹涅茨曲线（the environmental Kuznets curve，简称 EKC）。沙菲克（Shafik，1994）提出，经济活动规模的扩大会不可避免地恶化环境的观点是建立在技术和环境治理投资不变的基础之上；而随着收入

---

① ［英］阿弗里德·马歇尔．经济学原理［M］．朱志泰，译．北京：商务印书馆，2005.

② 梅多斯．增长的极限：罗马俱乐部报告［M］．李宝恒，译，吉林：吉林人民出版社，1997.

的增加，人们对环境质量有着更高的要求，可供投资的资源也随人均收入的增加而越来越多，两者共同的作用会导致环保措施的采纳。贝克尔曼（Beckerman，1992）更加态度鲜明地认为，高收入与环境保护措施采纳之间的强相关性表明，虽然经济增长在早期阶段会导致环境的恶化，但对绝大多数国家来说，改善环境的最佳也可能是唯一的途径，就是变得富有。

2. 环境库兹涅茨曲线假说的解释

国外学术界关于环境库兹涅茨曲线假说形成原因的探讨不断深入，期研究结论主要集中在以下四个方面。

（1）经济增长对环境污染形成的规模效应、结构效应与技术效应。在EKC形成原因的多种解释中，将经济增长对环境的影响分解为规模效应（scale effects），结构效应（composition effects）和技术效应（technological effects）是最为常见的解释。如果经济结构和技术水平保持不变，污染物排放量会随着经济规模的扩大成比例增加，这被称为规模效应。传统的认为经济增长与环境质量相互冲突的观点反映的就是这种规模效应（Panayotou，1993）。不同的工业生产产生的污染物及排放强度不同，随着经济增长，一国的经济结构会发生变化，所排放的污染物种类和强度也发生变化，这被称为结构效应（Copeland and Taylor，2004）。技术进步带来两方面的变化：一是在其他条件不变的情况下，生产效率提高；二是更为有效的技术手段使得单位产出的污染排放更少。两者在一起被称为技术效应（Copeland and Taylor，2004）。环境库兹涅茨曲线（EKC）假说的支持者认为，随着经济的增长，环境质量呈现先恶化后改善的现象，因此，EKC曲线被认为是对随经济增长环境质量自然演变规律的描绘（Arrow et al.，1995）。

（2）环境规制对环境污染的影响。污染水平随人均收入的变化可能源于产出规模的增减、产业结构的调整、技术水平的变化以及污染治理的影响（Grossman and Krueger，1995）。潘纳约托（Panayotou，1997）的研究发现，对于二氧化硫排放来说，积极的环境政策在低收入水平下就能显著减轻环境恶化的程度，在高收入水平下更是如此。在一项水污染治理的跨国研究中，马尼等（Mani et al.，2000）发现，水质随人均收入的改善，部分是源于技术进步和产业结构变化，而最主要原因还是更为严格的环境规制。富裕国家较发展中国家执行更为严格的环境规制标准有三个主要的原因。首先，在已经完成医疗和教育的基本投资之后，环境污染所带来的破坏就获得了社会更多的关注。其次，高收入国家拥有更多的技术人员和资金预算用于环境监控和污染治理。最后，无论政府采取什么立场，更高的收入水平和教育水平会使得社会采用和执行更高的环保标准（Dasgupta et al.，2002）。这些因素共同作用的结果表现为高收入和严格的环境规制之间显著的正相关关系，于是，人们观察到环境质量随经济发展而进入 EKC 曲线的下降区间（Dasgupta et al.，2001）。

（3）经济制度对环境污染的影响。首先，市场机制（经济自由化）。自1980 年以来，发展中国家金融逐步深化，价格扭曲得以明显纠正（Easterly et al.，2001）。能源补贴的取消使得原先被外部化的成本逐渐内部化，此举能提高能源使用效率，降低工业的能源使用强度（Vukina et al.，1999），而使用效率的提高意味着单位产出的污染排放减少（Lucas et al.，2002）。与之相反，中国的国有企业由于生产效率较低，使得减少空气污染的成本更高（Dasgupta et al.，1997）。可以观察到，私有化和取消政府补贴在压缩高污染企业规模的同时，倾向于扩大低污染行业如服务业的生产规模（Markandya et al.，2006），经济自由化也扩大了高能源使用效率企业的市场份额（Wheeler，2000），使得开放程度高的发展中国家的企业能更快地采用清洁生产技术（Reppelin，1999）。当经济快速增长时，生产效率提升所带来的单位产出污染排放的减少，会被产出的快速增长所抵消并超越，此时除非加强环境规制，否则污染会持续加剧而非减轻（Mani et al.，2000）。其次，财政分权对环境污染的影响。比克尔等（Beeker et al.，1994）认为地方政府间的竞争性行为是造成环境恶化的原因。威尔逊（Wilson，1999）和劳舍尔（Rauscher，2005）研究认为地方政府在竞争中为了获取竞争优势与收入增加，可能会采取降低税负或放松环境监管与治理的行为。奇林科等（Chirinko et al.，2011）研究认为地方政府针对不同类型的污染会采取“骑跷跷板”策略（不同的污染治理策略）。西格曼（Sigman，2009）利用全球面板数据进行实证研究，结果表明财政分权对水污染具有正向影响。另外，少数学者认为分权程度的提高不会加剧环境污染，反而改善环境，如米利米特（Millimet，2003）研究认为财政分权对环境污染具有负向影响。

（4）经济增长过程中替代弹性和边际效用的变化。在工业化发展初期，此时消费的边际效用大于污染的边际效用绝对值（污染带来损害，故其对消费者的效用为负），污染随消费量的增加而加剧（Dasgupta et al.，2002）。消费的边际效用递减，而污染的边际损害递增，于是随着经济增长和收入增加，人们越来越重视环境的价值，环境监管也变得更加有效（Konar et al.，1997）。在中等收入水平下，环境污染达到最严重的地步，随着人均收入的进一步增加，收入和环境质量之间的关系可能会从正相关转变为负相关，环境污染逐步回落到工业化初期的水平（Dasgupta et al.，2002）。斯坦恩等（Stern et al.，2001）的内生增长模型也表明，对消费者而言，当环境舒适度对物质消费的边际替代弹性大于1时，经济增长与环境污染之间就会出现EKC曲线中环境质量改善的阶段。帕斯登等（Pasten et al.，2012）认为，随着经济增长，污染对资本的替代弹性和消费的边际效用弹性都变得越来越大，经济增长过程中替代弹性的变化和边际效用弹性的变化促成了EKC曲线的形成。

（三）污染转移理论

1. *国际贸易与污染转移*

（1）贸易有害论。由于多数经济体是开放的，生产要素跨国流动日益自由化，如果EKC关系存在的话，部分或者大部分源于国际贸易对污染产业分布影响的结果（Arrow et al.，1995；Stern et al.，1996）。发达国家在污染密集型产品产出下降的同时，其消费却并没有随之下降（Cole，2004），发展中国家污染密集型产品的出口和发达国家的进口是两类国家分别处于EKC上升部分和下降部分的重要原因（Unruh and Moomaw，1998）。发达国家的环境规制可能进一步鼓励污染产业流向发展中国家，当贫穷国家试图采用环境规制措施来降低污染水平时，就会面临难以将这些污染产业转移至其他国家的困难（Stern，2014）。

（2）贸易有益论。世界银行在其贸易和环境的研究报告中写道："那些污染密集型产品产出增长速度较慢的国家，通常都实行了更加自由的贸易政策。"（Birdsall and Wheeler，1993）随后的研究也发现，产业外移至其他国家对发达国家减少污染物排放所起的作用很微弱（Cole，2004；Levinson，2010）。安德韦勒等（Antweiler et al，2001）利用所构建的模型，针对二氧化硫排放所做的检验表明，自由贸易降低了样本国家的二氧化硫排放浓度，有利于改善环境。

（3）贸易中性论。借鉴 EKC 曲线形成原因的分析，安德韦勒等（Antweiler et al.，2001）构建的理论模型将国际贸易对环境的影响分解为四个组成部分，即规模效应、结构效应、技术效应与贸易的组成效应。此后很多学者在此基础上做了改进并进行实证分析，结果表明，国际贸易的结构效应影响较小，但国际贸易扩大了样本国家的能源使用量（Cole and Elliott，2003）。以中国为样本的研究表明，国际贸易加剧了空气污染，但水污染却因国际贸易有所减轻（Shen，2008）。

已有的文献通过以下四种方法将污染转移纳入 EKC 模型以消除样本选取偏差所导致的统计误差：第一，直接引入贸易开放度（Cole，2004）；第二，测量发展中国家与发达国家间的贸易流向及污染密度；第三，检验环境规制与污染品贸易之间的关系（Kahn，2003）；第四，检验污染品的消费而非生产与人均收入的关系（Valluru and Peterson，1997）。但这些替代的方法由于存在着各种各样的缺陷而未能建立起与 EKC 曲线的联系（Suri and Chapman，1998）。

2. *FDI 与污染转移*

国际贸易与国际投资密切相关，随着研究将 FDI 纳入 EKC 模型，FDI 的环境效应越来越引起研究者的关注，但仍未得出统一的结论，并逐渐形成了污染光环（pollution halo）和污染避难所（pollution haven）两大对立的假说以及中间学派。

污染光环假说从 FDI 所承载的先进技术和生产效率角度出发对 FDI 的环境效应给予正面评价。在发展中国家进行投资的跨国公司通过采用比内资更先进的绿色环保技术和环境控制标准帮助东道国提升其生产的环保水平（Eskeland and Harrison，2003）。波特（Porter）等认为跨国公司带来的环保技术的溢出对东道国企业能起到示范和带动效应，使东道国环境得到了改观（Porter and Linde，1995）。外资企业可以通过技术示范与外溢提高东道国当地企业的生产效率，实现生产要素与资源投入的节约来改善东道国环境质量（Afsah and Vincent，1997）。污染光环论在中国也得到了一些实证研究的支持，例如，王华和韦勒（Wang and Wheeler，1996）在对我国 1000 多个三资企业的污染排放物进行研究后认为，外资企业因为采用了较为先进的技术而产生了更少的污染排放。

污染避难所假说阐述了 FDI 对东道国环境的负面影响。在发达国家，企业面临严格的环境管制，需要在污染治理和环境保护方面投入更多的成本，而发展中国家政府存在以降低环境保护标准来吸引外资的动机（Esty and Geradin，1997）。污染避难所假说将环境规制作为解释污染品生产的国际分工和国际贸易的关键因素（Copeland and Taylor，2004）。有学者利用中国 29 个省际面板数据构建联立方程模型，检验了外商投资对中国环境污染的规模效应、结构效应和技术效应，结果表明外商直接投资每增加 1% 会造成污染排放增加约 0. 1 %（He，2006）。

鉴于对同一问题的研究得出了截然相反的结论，有学者认为，受制于当地经济、社会发展水平和自然条件等因素的影响，FDI 对投资地环境的影响可能并不确定（Song and Woo，2008）。由于环境污染可以分解为产业规模、产业结构与技术水平三个因素的影响，“污染光环”与“污染避难所”假设可能分别强调了两个不同层面的问题：前者着重于 FDI 所带来的技术进步效应，而后者则更多地聚焦于伴随 FDI 流入而产生的产业乃至生产结构的变动（Grossman and Krueger，1995；de Bruyn，1998）。

（四）环境生产要素理论

国外关于环境生产要素理论的研究包括两个方面。首先，分析环境生产要素的特征。赛伯特（Sibert，1974）、鲍莫尔和奥茨（Baumol and Oates，1989）等认为，污染实际上是一种生产要素，一国如果环境禀赋丰裕，则该国会生产污染密集型产品；洛佩兹（Lopez，1994）、塔马帕比拉（Thampapillai，1995）等进一步指出，由于把污染要素当作红利使用会招致环境污染，故政府必须建立完善的产权保护机制、市场交易机制和严厉的环境标准，才能阻止环境的不断恶化。其次，利用环境生产要素理论指导具体生产活动。赛德拉斯克（Sedlacek，2011）运用环境生产要素理论分析农作物生产环境需求，得出地区自然条件的改变成为制约小麦营养价值发挥的重要因素。安特科维亚克等（Antkowiak et al.，2010）以奶牛生长差异为例分析环境生产要素理论在畜牧业的应用，得出在营养摄入量均衡的情况下，外部环境对奶牛生长质量具有重要影响。此外，埃格特尔（Aegerter，2003）也从植物学和生物学视角探讨环境生产要素的外部作用。

二、国内学者的研究

从21世纪初期开始，我国学者开始研究环境污染问题。虽然研究开展较晚，但研究的针对性很强，且提出了不少对策建议。国内的研究主要集中在以下几个方面。

（一）EKC假说研究

李飞等（2009）和段显明等（2012）分别实证检验了1985～2007年和1997～2009年间全国范围的环境污染与经济增长的关系，研究结果支持EKC假说。潘珊等（2013）通过建立包含环境质量的代际交叠模型，考察环境质量与经济增长之间的动态关系、结论也支持EKC假说。从全国范围来看，经济增长对环境污染的影响符合EKC假说，东部和中部地区存在倒U型曲线关系并已经处于下降部分，而西部地区则为N型曲线关系并处于右侧上升部分（王飞成、郭其友，2014）。

然而，多数学者对此持怀疑态度，例如，沈满洪等（2000）和吴开亚等（2003）通过对浙江省和安徽省经济增长与环境污染关系的研究后，并不赞成倒U型的EKC曲线；邓荣荣和詹晶（2013）以湖南省为研究对象的实证分析认为，环境污染随经济增长的变动轨迹大致呈底部平滑的正U型曲线关系。而丁继红和年艳（2010）探讨了江苏省1985～2006年间经济增长与环境污染之间的双向关系，发现环境污染与人均GDP之间为正N型曲线关系。周茜等（2010）也发现我国经济增长与环境污染之间的关系与传统的EKC曲线并不相符，经济增长对不同污染物的排放有不同的影响，有倒N型和N型两种曲线，经济增长整体上导致了环境污染加重。

对于相互矛盾的研究结论，有学者认为，EKC曲线的形状和结果的合理性在很大程度上取决于污染指标和解释变量的选取、计量方法的选择、数据处理以及模型的设定等（彭水军和包群，2006）。刘金全等（2009）发现，我国人均废水排放量与人均收入的关系基本符合EKC假说，而人均固体废物产生量和人均废气排放量随人均收入增长呈现单调上升趋势。姚昕（2009）的研究表明，二氧化硫与经济增长之间呈N型曲线关系，工业化进程使大气污染的倒U型曲线转折点向后推迟。郭军华等（2010）发现，只有工业固废与人均GDP之间符合EKC特征，工业废水排放量随经济增长而逐渐减少，工业废气排放与经济增长之间不存在协整关系。高宏霞等（2012）发现，只有工业废气和二氧化硫的排放与人均GDP的关系符合EKC，烟尘的曲线呈线性增加，说明我国的某些污染物随经济增长无法自动进入EKC曲线的下降区间。陈延斌等（2011）的研究表明、工业废水与工业固体废弃物的EKC曲线呈倒U型，而二氧化硫、烟尘与经济增长之间呈正N型曲线关系。李小胜等（2013）认为工业废水与经济增长之间满足EKC假说，但工业废气和工业固废排放却没有发现倒U型曲线关系。毛晖等（2013）发现除了传统的倒U型曲线外，还存在N型、U+倒U型、线性等多种关系。

与此同时，由于我国地域宽广，产业布局和经济发展的地区差距较大，环境污染与经济增长之间的关系还有可能存在区域差异。赵新华等（2011）认为在全国范围内EKC假说成立，但东部地区经济增长对环境污染有改善作用，而中西部地区的经济增长加剧了环境污染，区域差别相当明显。宋马林等（2011）发现贵州、西藏、吉林、上海和北京五省市存在倒U型的EKC曲线，且已越过了拐点；青海、安徽、福建、海南和辽宁等省份则不存在EKC曲线。白永亮等（2014）的研究发现，湖北、湖南、江西、安徽四省经济增长与七种环境污染物排放之间的关系不尽相同，有U型、倒U型、线性增加和线性下降等各种曲线关系且各省的拐点也不一样，省际之间具有差异性。

（二）有关环境污染转移理论的研究

1. 关于国际贸易环境效应的争议

方行明等（2011）认为发达国家向中国购买“污染品”是导致中国环境恶化重要原因之一。贸易的对外开放增加了中国国内二氧化碳的排放强度，因环境规制较弱，贸易的环境收益效应小于向底线赛跑效应，国际贸易造成了中国环境的恶化（李锴和齐绍洲，2011）。国际贸易在加重发展中国家环境污染程度的同时，降低了发达国家的环境污染水平（刘钻石和张娟，2011）。然而，徐圆（2010）的研究表明，我国的对外贸易在优化国内的产业结构的同时，也有助于改善环境质量。虽然贸易中的进口部分有利于我国环境的改善，出口的环境效应与之相反，但整体来说，对外贸易的扩大并非必然导致环境的恶化（宋马林等，2012）。研究还发现国际贸易对环境的影响存在地区效应，中东部地区通过对外贸易促进了环境质量的提高，而我国西部地区则存在着污染输入现象（王飞成和郭其友，2014）。

2. “污染避难所”效应是否在中国存在

夏友富（1999）认为，污染密集型行业特别是重污染型行业是外商投资的重要产业，因为发展中国家的环境规制普遍弱于发达国家，且急于发展本国经济，污染密集型产业会以外国直接投资为载体向环境管制宽松的国家转移。沙文兵和石涛（2006）以及侯伟丽等（2013）则运用计量检验证实了FDI流入对我国生态环境的负面效应。赵新华等（2011）指出，1996～2008年FDI增加了我国工业废气、废水和工业固体废弃物的排放量，整体上加剧了我国的环境污染程度。“污染避难所”效应在中国不仅存在，且2002年以来随着工业结构进入重化工业化阶段，我国区域环境管制差异对污染密集型产业布局的影响趋于增加，“污染避难所”效应增强（侯伟丽等，2013）。发达国家在国内主要生产清洁产品，将污染密集型产业转移至穷国生产、于是我们观察到一些发展中国家的资本存量低但环境污染严重，而一些发达国家的资本存量高且经济增长迅速，但环境质量却并未因此而下降，这种现象佐证了“污染避难所”效应的存在（潘珊和马松，2013）。

然而，同样有众多学者的实证研究支持“污染光环”论，站在了“污染避难所”效应的对立面。邓柏盛（2008）和许士春等（2007）的研究表明FDI有助于我国的环境改善。邓荣荣和詹晶（2013）的研究也认为，“污染天堂”假说并不成立。发达国家向中国转移的产业虽然包括污染产业，但同时也向中国转移了大量的“干净”产业（李小平和卢现祥，2010）。

因此，从整体上说，“污染避难所”假说在中国可能并不完全成立，FDI在地理位置上的集群有利于降低我国的环境污染，但不同来源地的FDI对区域环境污染的影响程度存在显著差异，其中来自全球离岸金融中心的外资显著降低了我国的环境污染，但东亚、欧美等发达国家的外资对环境质量的改善不明显（许和连和邓玉萍，2012）。FDI之所以无论是在总体上还是分行业上都有利于减少我国工业的污染排放，其主要原因在于：FDI通过技术引进与扩散带来的正向技术效应超过了负向的规模效应与结构效应（盛斌和吕越，2012）。包群等（2010）学者的理论模型也表明，当收入达到一定水平以后 FDI 对环境的积极影响可能大于其负面影响，从而出现 FDI 与环境之间的倒 U 型曲线关系。FDI 对投资地环境的影响可能还存在门槛效应，即当投资地经济、社会发展处于不同阶段时，FDI 与当地环境的关系也可能存在一定差异（李子豪和刘辉煌，2012）。

（三）经济制度对环境污染的影响

国内主要从地方政府竞争、财政分权角度来分析经济制度对环境污染的影响。

国内学者崔亚飞和刘小川（2010）利用中国 1998～2006 年的省际面板数据进行实证研究，结果表明地方政府在税收竞争中对废水和固体废物进行了严格的治理，对二氧化硫排放反而放松了监管与治理。刘洁和李文（2013）利用中国 2000～2009 年的省际面板数据进行实证研究，结果表明税负降低促进了工业废水、工业废气及工业废弃物等环境污染排放量的增加，而地方政府实施宽松的环境政策改善了工业废气和固体废弃物的环境问题，却增加了工业废水排放量。张宏翔等（2015）利用中国 2005～2012 年的省际面板数据进行实证研究，结果表明政府竞争倾向于加剧废气和废水的排放，倾向于改善固体废物的环境问题。

张克中等（2011）利用中国 1998～2008 年的省际面板数据对财政分权对环境污染（碳排放）进行实证研究，结果表明财政分权对碳排放具有显著的正向影响。俞雅乖（2013）利用中国 2001～2010 年的省际面板数据进行实证研究，结果表明财政分权对环境污染水平具有正向影响。薛刚和潘孝珍（2012）利用中国 1998～2009 年的省际面板数据进行实证研究，结果表明财政支出分权对污染排放规模具有负向影响，财政收入分权对污染排放规模的影响不一。谭志雄和张阳阳（2015）利用中国 1994～2012 年的省际面板数据进行实证研究，结果表明财政分权对污染排放具有负向影响。

（四）环境生产要素理论

环境生产要素理论的研究在我国起步较晚，且多集中于工业产业及商业服务方面。黄蕙萍（2001）、方时娇（2004）较早地提出环境要素应纳入国家生产要素禀赋体系，成为经济发展的内生变量。汤天滋（2003）、赖宝成等

(2005) 在探讨生产力要素时指出，全社会对生态环境的重视使得环境要素与劳动、资本等实体要素一样，构成了生产力运行的基础。李利军等（2010）系统地提出环境生产要素是在大自然地理环境观的基础上，承认整体环境的稀缺性和价值性，依据可持续发展对环境系统与经济系统融合的要求，对环境做出的有利于改良环境管理和经济活动理念的性质界定，对企业生产、政府宏观调控、绿色经济核算及环境补偿机制构建具有重要意义。刘天森和石国参(2012) 基于环境生产要素理论，从环境补偿、公众参与、技术指向、法制保障等方面探讨哈尔滨市现行绿化政策，并针对未来政策方向提出建议。

（五）改善环境的政策建议

首先，加大污染治理投入的力度。几乎所有的国内学者均强调污染治理投资的重要性，并认为我国的污染治理投资占 GDP 的比重太低是环境保护没有获得预期效果的主要原因之一（丁继红和年艳，2010）。因此，增加污染治理投资总量（高宏霞等，2012；王飞成和郭其友，2014），逐年提高污染治理资金占 GDP 的比重（许正松和孔儿斌，2014），对于改善环境意义重大。

其次，加强环境监管，提高环境规制标准。其说环境污染是一个产权界定的经济问题，倒不如说是一个政治经济学问题（蔡昉等，2008）。因此，政府的强力介入对于改善环境就显得尤为重要（侯伟丽等，2013），为了避免“污染避难所”现象在中国的出现，需要加强环境管制（李错和齐绍洲，2011）。提高环境规制标准在降低当期污染排放的同时，还可以对企业形成倒逼机制，鼓励企业进行清洁生产技术的创新（薛刚和陈思霞，2014）。但政府简单地控制某些环境污染会阻碍经济增长，应该在不断完善各种环保机制上做文章（周茜和胡慧源，2014）。

再次，强化对 FDI 的限制和引导。由于进入我国的外资企业既有清洁产业又有污染产业，有必要对 FDI 的引进有所侧重（侯伟丽等，2013），通过强化环境监管以避免外资企业向我国转移环境压力，发挥 FDI 的积极环境效应（张宇和蒋殿春，2013）。应积极鼓励具有环保技术优势的外资企业的进入，实现节能减排和可持续发展的战略目标；而对污染密集度较高行业的引资限制和禁止措施应继续贯彻（盛斌和吕越，2012；许和连和邓玉萍，2012）。

最后，其他方面的政策建议。清洁生产技术对于节能减排意义重大，除了强化环境规制以形成清洁生产技术创新的倒逼机制外，还需要开展节能减排技术的合作研发（白永亮等，2014），提高在环境科研上的支出比重，充分发挥环境公共支出的积极作用，建设良好的外部技术创新环境等（薛刚和陈思霞，2014）。积极转换经济增长方式（王飞成和郭其友，2014），优化贸易结构和产业结构，促进产业升级（李子豪和刘辉煌，2012），合理配置轻重工业的比重（邓荣荣和詹晶，2013），以推进生态文明建设为契机，以环保产业和环保政策合作为突破口，有效落实清洁能源政策，因地制宜地逐步改善能源消费结构（宋马林和王舒鸿，2011），并实施环境友好型的城市化战略。

三、文献述评

从以上综述可以看出：国内有关环境污染的形成与治理的研究较为丰富，具有以下优点。首先，已有研究有关环境污染形成的理论可为本书的污染红利形成研究提供借鉴，其相关结论可为本书所采用，相关研究方法可为本书写作所采纳；其次，已有研究有关环境污染治理的理论可为本书的污染红利抑制研究提供借鉴，其研究结论与研究方法同样可为本书所采纳。

已有研究的主要不足是：缺乏对低廉环境要素理论进行系统而深入的分析：首先，污染要素红利到底具有怎样的特征？其形成机理何在？怎样对其进行抑制？其次，低廉污染要素对我国经济增长究竟具有怎样的影响？显然，学界对上述问题的研究着墨甚少，有待后续研究对之进行补充。鉴此，笔者决定对我国污染红利的形成机理及其抑制进行分析，以其能为环境要素理论的建设添砖加瓦。

第三节　本书的研究方法、思路与技术路线

一、研究方法与创新之处

（一）研究方法

本书的研究方法主要包括：

（1）实地调研。本书已经储备了环保部门和经济部门的诸多资料，例如，存档的历年环境统计报告、历年的废气与废水排放强度、部分省市环保部门历年的工作总结、历年环境统计公报等。此外，笔者还储备了大量的第一线实地调研采访的资料。

（2）文献研究。广泛查阅国内外文献资料，掌握国内外关于污染红利形成与抑制的最新前沿动态，通过理论分析我国污染红利的形成条件与抑制对策，并提出相应的研究框架。

（3）对已有原始数据和资料进行数量化与计量化研究，建立理论研究模型。本书运用的计量软件为 EViews9.0，建立了多元线性回归模型，并用到了单位根检验、协整分析、格兰杰因果关系检验、脉冲响应分析和方差分解分析等对时序数据进行计量时常用的一些方法。

（4）系统分析。在理论分析和实证分析的基础上，就污染红利的形成、污染红利对经济增长的影响以及污染红利抑制进行概括与梳理，归纳出理论意义与实践意义，并对污染红利抑制提出合理化建议。

（二）本书的创新之处

（1）通过大量第一手资料的分析，较全面的揭示了我国污染红利形成以及与污染红利对我国经济发展发展的影响。

（2）建立了相关计量模型，并运用这些模型对污染红利形成、污染红利对经济发展的影响以及污染红利抑制绩效进行了实证分析。

（3）提出了我国污染红利抑制的相应对策。

二、研究思路与技术路线

（一）研究思路

本书拟就污染红利的形成、污染红利对经济增长的影响以及污染红利抑制等问题进行讨论。总体思路是：第一步论述污染红利的相关理论框架，包括污染生产要素的相关理论与污染红利的相关理论；第二步就我国污染红利的形成进行分析，包括环境禀赋转、地方政府竞争、行政垄断与收入差距等对污染红利形成的影响机制；第三步则探寻污染红利对我国经济增长的影响，包括污染红利影响经济增长的机制、污染红利影响工业经济发展与中小企业发展的内在机理等；第四步则探寻我国污染红利的抑制，包括污染红利抑制的相关理论、我国污染红利的政策工具、我国污染红利抑制资源的分散配置与我国污染红利抑制的绩效等。第五步则在上述研究基础之上，提出我国抑制污染红利的对策。

（二）技术路线

本书的技术路线如图1－1所示。

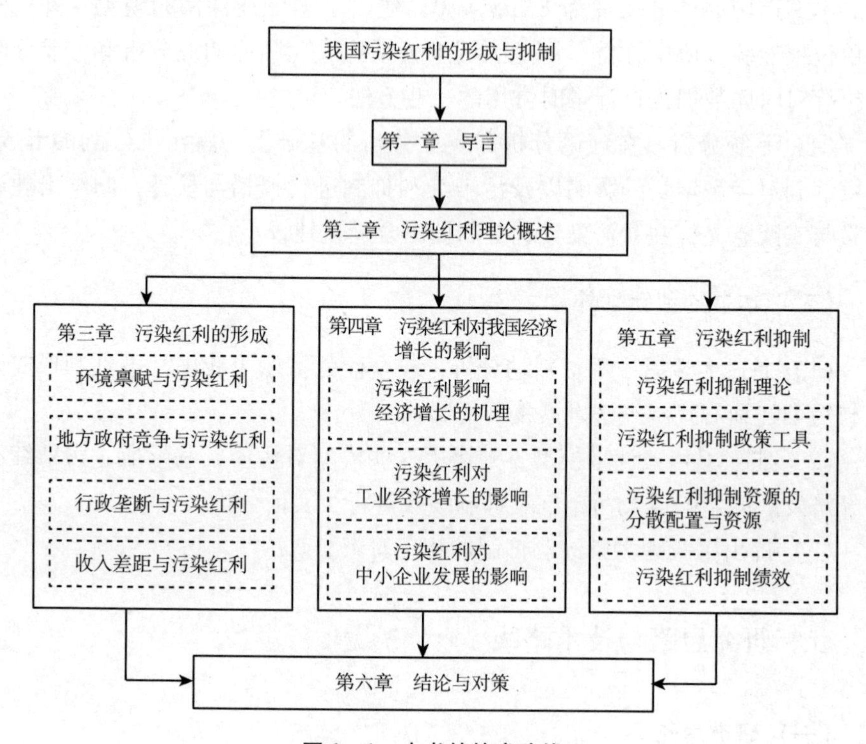

图1－1　本书的技术路线

第二章

污染红利理论概述

为了对日益严重的环境污染现象进行解释，经济学界从环境生产要素角度对之进行了有益探索。赛伯特（Sibert，1974）、鲍莫尔和奥茨（Baumol and Oates，1989）等认为，污染实际上是一种生产要素，一国如果环境禀赋丰裕，则该国会生产污染密集型产品；环境污染是由于环境这种生产要素被过度使用造成的。洛佩兹（Lopez，1994）、塔帕皮莱（Thampapillai，1995）等进一步指出，由于把污染要素当作要素使用会招致环境污染，故政府必须建立完善的产权保护机制、市场交易机制和严厉的环境标准，才能阻止环境的不断恶化。从环境生产要素理论视角分析，该理论对污染要素的作用与以及如何抑制污染要素进行了较具价值的研究；然而，污染要素到底是一种怎样的生产要素？污染红利具有怎样的特征？显然，已有研究对于这方面的研究还相对不够，相应的理论框架有待进一步完善。

有鉴于此，本章从以下方面就污染要素与污染红利理论进行了探寻。第一，探寻了污染的形成以及生产与污染的关系。第二，构建了污染要素的理论框架，探寻了污染要素的概念与特征，污染要素价格的影响因素。第三，探寻了污染红利的概念与特征。第四，探寻了污染红利导致污染集聚的机理。第五，探寻了污染红利的阶段划分，并对之进行了实证分析。

第一节 污染的形成

一、污染的形成是生产或生活的副产品

众所周知，经济发展最重要的是生产。然而，生产与生活不仅带来人们需要的产品，也带来人们不需要的副产品。以企业和顾客为例：一方面，生产产品的企业出卖产品，获得了利润，满足了自己对财富追求的欲望。另一方面，购买产品的顾客虽然付出了货币或其他物品，但他从所购买的产品中实现了自己的消费欲望。对于生产厂家来说，他的主要目的是并不是为了如何满足消费者（虽然口喊“顾客是上帝”“顾客第一”），而是为了获得利润，但他在出售商品获得利润的过程中，也为顾客带来了效用的满足，顾客效用的满足就是厂家生产商品的副产品，这种副产品的存在使所有为自己着想的理性经济人在生产商品时，客观上也促进了社会的发展，这就是亚当·斯密的“看不见的手”的理论得以实现的现实基础。

污染是生产或生活的副产品，是一种坏的副产品，就形成机理来说，这种副产品的形成与我们上面所举例的好的副产品是不同的。从生产角度观察，污染实际上是原材料没有完全变为产品，一部分剩余颗粒就散布在大气，水、土壤中，这些颗粒如果随着人的呼吸、饮食等多种途径进入人体内，就会对人的健康产生威胁。从生活角度观察，污染实际上是生活材料没有完全消费，另一部分剩余颗粒就散布在大气，水、土壤中，这些颗粒同样会对人的健康产生威胁。

污染的形成与产品的各个生产过程或生活步骤是同步的。以生产过程为例，在产品形成的每一个环节，都会有产品的剩余颗粒渗入自然界中，只是渗入的程度、多少不同而已。以燃煤发电为例，在采煤过程中，部分煤粒会进入大气，采煤工人会吸入其中的一小部分，燃煤发电过程中，有部分煤粒没有充分燃烧，这些煤粒会进入大气，并在大气中传输，使污染加重。单个企业的污染一般来说不会对环境造成很大的影响，言下之意，就是污染风险不大。由于单个企业污染量小，环境自身具有自净能力。然而，在现实生活

中，企业较多，每个企业都有污染（只是程度不同），这样污染存量显著增加。企业天天都在排废水、废气，使污染流量增加，新的污染流量不断转化为污染存量，于是，污染危害的不确定性加大，污染风险随之加重。

二、企业的“生产、污染”关系

（一）一定的生产会产生相应数量的污染，污染受到生产的制约

污染是生产的副产品，言下之意，污染是生产必然要产生的，只要有生产，就会发生污染，只是污染的强弱程度不同而已。前面已经论述，生产之所以产生污染，首先是由于生产的自然属性。生产包括原材料的供应、生产过程的发生、产品运输、消费者购买产品的各个环节。某些产品的生产则是只有部分环节产生污染、而某些产品的生产则是所有环节都产生污染。

一般来说，生产与污染是均衡的，也就是说，一定的生产会产生相应数量的污染，污染受到生产的制约。在技术和制度等其他条件不变的情况下，生产的数量决定了污染的数量，污染是生产的函数，生产增加，污染增加，生产减少，污染减少。从存量角度来分析，生产和污染的对应关系则是另一番情况。由于大气、水、土壤等自然环境有一定的自净化能力，在污染产生后，总有其中的一部分污染会被自然环境吸收，或者污染发生其他变化而变成了不是污染的其他物体，因此，到下一次生产时，前面的一部分污染就会自动消失。

生产的性质决定污染的性质。不同的行业由于所用原材料不同，会产生不同的污染，纺织印染企业产生的污染不同于钢铁企业产生的污染、制药企业产生的污染不同于造纸企业产生的污染、农药化肥企业产生的污染不同于机电企业产生的污染等。同一个企业，不同的生产环节会产生不同的污染，以热电厂为例，在挖煤和运煤时，产生的污染是煤的颗粒，而用煤燃烧发电时，产生的污染是二氧化硫。但是，不同的行业也会产生相同的污染，如那些用煤做燃料的企业，都会产生二氧化硫的污染。

生产条件改变，污染状况也会随之发生变化。一般来说，随着科学技术的改变，污染会呈现越来越减弱的趋势。科学技术通过提高工艺流程的科学性，使原材料的残存物质越来越少，这样流落到环境中的残存物质也跟着减少；科学技术还会提高人的素质，使人在生产操作过程中技能提高，使污染

减少；科学技术可以提高生产设备的性能、可以提高治理污染的能力。因此，随着科学技术的提高，污染有越来越减小的趋势。

（二）污染对生产具有反作用

首先，在工业发展的低级阶段，污染是促生污染密集型产业生产的温床。在经济不发达的地区，由于污染相对较少，这些地区可以在牺牲一部分环境的条件下大力发展工业，甚至包括一些污染密集型产业。于是，污染在企业眼中就变成额外的红利，它和资本、劳动力、技术等构成了企业不可或缺的要素。同时，在经济不发达地区，为了解决居民就业问题，政府意识到发展是硬道理，而为了发展，就必须调动各主体的积极性，为了调动各主体积极性，就必须给他们提供发展的条件，甚至是一些优惠条件，于是环境对企业的约束就不强烈，企业因此而获得了污染这种廉价的生产要素。这时，污染对污染密集型产业生产具有促进作用，这反过来抑制了污染相对较轻的行业如服务业的生产。

其次，在工业发展的高级阶段，污染的存在对污染密集型产业的生产具有明显的抑制作用，而对污染相对较轻行业的生产具有促进作用。随着经济的发展，居民环保意识越来越强，各种民间的环保组织会自发出现，它有力地遏制了企业对环境的滥用，随着居民对生活要求越来越高，政府也开始采取各种措施加强对环境的管理，例如，加强立法、加大排污征税力度，加强对污染严重企业的规制、制定绿色标准等。企业在遇到了外界的一系列信号后，开始调整自己的行为，例如，购买治污设备、淘汰产能落后的机器、进行科技创新等。于是，污染密集型产业减少，污染很少的服务业便发展起来。

第二节　污染要素概述

一、污染要素的理论内涵

（一）污染要素定义

污染要素是指把传统要素理论中忽略的污染物内化到要素中，使之与土地要素、资本要素、“人类”要素、科技要素等成员一起，作为一种新的生产要素。黄蕙（2001）、李艳丽和李利群（2009）等曾对环境生产要素进行过论述，这些学者所提的环境要素是环境容量的大小，而本书所提到的污染要素是污染排放物。污染要素与环境容量要素的联系在于：二者一起联合构成环境禀赋，即污染要素＋环境容量要素等于环境禀赋。当环境禀赋一定时，污染要素与环境容量要素具有反向关系，即随着污染要素的增加，其环境容量要素会减小；反之，则环境容量要素会增加。

污染要素不是简单地把污染与要素两个词汇简单叠加，而是污染理论和要素理论的发展，是一种新的理论研究范畴。它是在承认整体环境稀缺性、价值性的基础上，根据可持续发展要求而做出的有利于改良环境管理和经济活动理念的概念界定。与环境资源概念相比，污染要素概念更具体，与经济系统结合得更紧密，更能体现环境的价值。与其他要素相比，污染要素概念既能体现环境的投资功能性，又能避免资本单纯追求增值的局限性，还能在要素体系中避免与传统资本要素重合，故污染要素的出现会使得可持续发展战略的实用性更强，效果也会更明显。

（二）污染要素的特征

污染要素的提出体现了一种理念，是正视污染、尊重环境、保护环境的理念，也是从实际出发正视生产，以科学的态度研究经济持续增长的理念。它不单纯是把污染纳入要素体系，而是有着更为深刻的特征。

首先，在传统经济增长分析中，认为要素的投入效果都是正向的，但事实上污染要素的投入效果具有二重性，既能增加物质财富，促进经济增长，又会产生生态破坏的负面效应。

其次，污染要素概念是建立在整体环境资源属性、环境稀缺和污染有价的认识基础上的，其特别强调的是：环境是一种经济资源，有经济价值，虽然可再生但再生能力是有限度的，相对于当今需求水平来说稀缺性非常显著。这是理解污染要素的前提。

最后，污染要素蕴含着污染减量化使用、循环使用、清洁生产和低代价经济增长的思想。随着污染要素市场的运行，日益增长的污染要素使用成本会在市场机制中彰显出来，会对厂商形成一种天然的节能减排压力和驱动力，厂商必然用技术、资本或管理等其他要素替代的方法，减少单位产出的污染消耗，或对产品实施循环再利用。这样就会自然在全社会形成污染减量化使用、循环使用、清洁生产和低代价经济增长的效果。这是实现可持续发展的第一步，也是污染要素理论创新的直接目标。理解污染要素概念时，一定要意识到它这个目标指向。

二、污染要素价格的特征与影响因素

（一）污染要素价格的特征

由于环境及其净化能力属于稀缺资源，故污染要素是有价格的。所谓污染要素价格是指商品在生产、使用、运输、回收过程中为解决和补偿环境污染、生态破坏和资源流失所需的费用之和。它由三部分组成：一是正常的资源开发获取应支付的价格；二是同资源开采、获取、使用及产品使用回收相关的污染净化价格和环境损害价格；三是由于当代人使用了这一部分资源而不能为后代人使用的效益损失。污染要素价格具有以下两个特征。

首先，污染要素价格很难通过产品反映出来。众所周知，污染问题的根本原因在于污染外部性所导致的市场失灵，市场失灵的关键是环境资产产权界定模糊及市场不能正确估价和分配环境资源，从而导致商品和劳务的价格不能完全反映它们的全部成本状况。

其次，污染要素的价格计量存在困难，我们只有将其与其他要素融合考虑，并结合一些政策手段才可能使其具有可操作性。因此，只有通过私人或公共政策手段正确地估价生产产品和提供服务的环境影响，并将污染价格纳入产品和服务的市场价格中去，这样才能将污染要素价格反映出来。

要在产品中体现污染价格的存在，必须通过产品价格，即在产品价格中必须包含污染价格。将污染价格作为厂商价格的一部分计入产品和服务的总价格之中，不但可以消除污染的外部性影响，还可以使产品的价格更加真实地反映所有生产要素价格的全部价格，这个过程就是污染价格内在化。虽然污染要素价格在计量方面存在困难，但还是可以通过私人或公共政策手段正确地估价产品的污染影响，并进一步将污染价格纳入产品和服务的市场价格中去。

（二）污染要素价格的影响因素

一般来说，污染要素价格的影响因素包括供给与需求两个方面。显然，环境供给越大，环境需求越小，则污染要素的价格越低；反之，环境供给越小，环境需求越大，则污染要素的价格越高。见图 2－1。

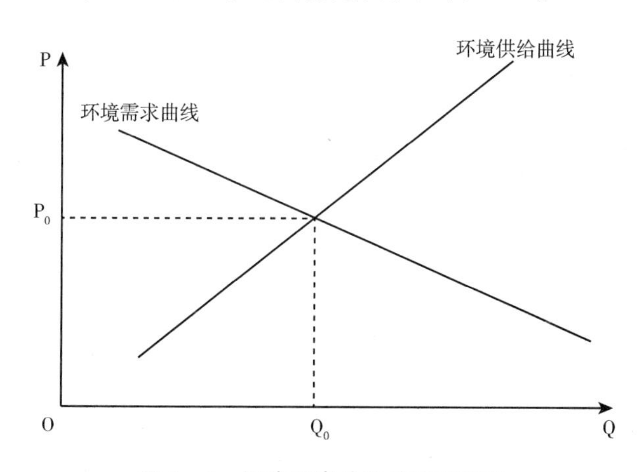

图 2－1　污染要素价格的影响因素

1. 基于供给视角的影响因素

就供给视角而言，污染要素的影响包括以下两个方面的内容。

首先，自然资源的丰裕程度和可替代、可更新程度。自然资源（尤其是不可再生资源）的丰裕程度和可替代、可更新程度越大，则环境对污染物的吸收能力也越大，这种吸收能力体现为污染在不产生外部成本的情况下可将污染物稀释、吸收的能力。如果这种能力越大，则污染要素的价格会越低。可见，自然资源的丰裕程度越大，则环境对污染要素的容量也会越大，污染要素的价格就会越低。由地理位置、气候、降水等决定的土壤、水体、大气的自然容量或灵敏度存在差异，使得不同地区对污染的吸纳能力有很大差异。例如，巴西在产品包装物的选择上更青睐纸质包装，因为其森林资源丰富、降水量大，水体循环快，使得污染吸收能力较强，导致纸制品生产的污染代价小，故巴西的包装物更青睐纸质包装。

其次，污染处理技术能力。所谓污染处理技术能力主要是指对污染和损害的技术处理能力和修补能力，是以国家经济发展和科技进步为前提的。如果污染处理技术能力越强，则污染要素的价格就会越低。由技术进步程度决定污染处理技术的差异不仅使不同国家和地区在消除污染损害上费用是不同的，而且使自然资源的可替代、可更新程度也不同，从而形成不同的污染价格。

2. 基于需求视角的影响因素

污染要素所揭示的是一国环境资源供给的丰缺状况，而要形成污染价格，还要考虑对环境的需求，即一国的环境偏好。由于每个国家工业化、城市化、污染状况不同，其国内公民对环境质量、风险评价、风险管理方法判断标准也就不同，这就形成了不同的污染标准和污染政策。因此，从某种意义上说，一国的污染标准和政策就是该国环境偏好的体现。环境偏好程度高的国家往往有着较高的环境目标，其环境标准也较高，污染要素价格也相对较高。反之，如果一个国家的环境偏好程度较低，则其环境标准也相对较低，该国的污染要素价格就相对较低，污染作为红利的现象就会出现。

第三节　污染红利概念及其特征

一、污染红利概念

如果一个国家环境资源充裕，且该国实行低环境保护政策，则这个国家的污染要素价格会相对低廉，在企业眼中就变成额外的红利，它和劳动力红利以及其他生产要素红利等一起构成了企业的比较优势，我们称为污染红利。可见，各国环境资源供给和污染标准的差异性共同形成了污染比较优势，这是污染红利形成的源泉。

显然，污染红利与比较优势原理是相符的。如果一个国家污染要素较丰富或污染标准相对较低，则该国与污染相关产品价格中所包含的污染成本就较低，说明该国具有污染比较优势或具有污染红利；相反如果一国污染要素相对稀缺，或污染标准较高，则该国的污染敏感产品可能不具备污染比较优势或污染红利。从可持续发展的角度看，一个国家的污染红利可以通过两种方式确定：可持续方式和不可持续方式。前者是指一国通过拥有较丰裕的污染要素获得，后者则指通过较低的污染标准获取。对于发展中国家而言，低廉的污染要素会使得发展中国家环境质量日益下降，环境对污染的吸收能力会降低，因此从环境供给视角分析，发展中国家的污染红利不可持续。

从环境的需求视角分析，较低的环境标准、较少的排污费用、廉价的环境资源、宽松的环境政策法规使得其出口产品的污染成本较低，从而形成价格优势和比较优势，这是发展中国家普遍将污染视之为红利的重要原因。污染偏好程度高的国家往往有着较高的环境目标，其环境标准也较高。在实施较高环境标准的国家生产的产品，因政策法律所要求的污染成本内在化程度比较高，即厂商将为其产品付出更多的污染代价，其生产成本显然就会高于在实施较低污染标准的国家生产的产品。因此，在国外市场，污染标准严格国家的产品可能会失去价格优势；而相反，在污染偏好程度低的国家，因为污染标准相对宽松，其产品可能会获得一定的价格优势。但随着污染问题逐步纳入世界经济体系，这种不可持续的比较优势终将会失去。

二、污染红利的基本特征

既然污染作为一种发展中的红利，在企业生产中，它就获得了和劳动力、资本的等价地位。于是，作为一种生产要素，污染红利也获得了它许多应有的属性。

（一）污染红利的成本效应与替代效应

污染要素价格的相对低廉有两种效应。第一，企业得到了总成本优惠的实惠，他们觉得现在的日子好过，因为他们能够以较少的钱购买相同数量的生产要素，于是还有余钱可以购买额外的数量。第二，企业往往会更多地购买价格低廉的要素，而减少那些现在变得相对昂贵的要素。这两种效应同时出现，我们在分析中将它区别开来。在图 2 - 2 中，最初的预算线是 RS，并且只有两种要素；劳动力和污染。这里，通过市场点 A，企业使自己的成本最小，从而实现效用最大，因而获得了与无差异曲线相关的效用数量。

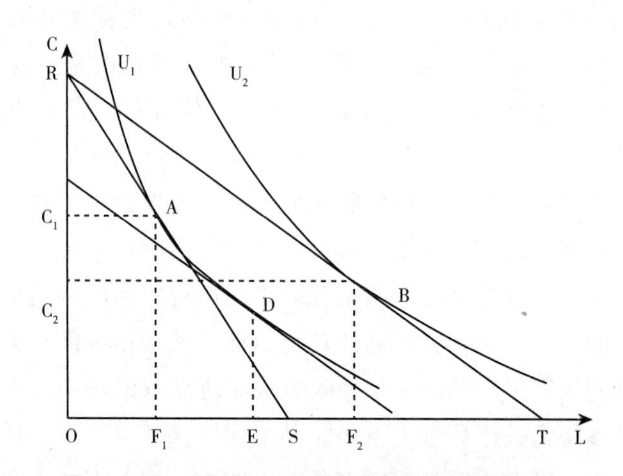

图 2-2　污染红利的替代效应和成本效应

首先，是要素的替代效应。所谓要素的替代效应是在保持要素总数量不变的情况下与某要素价格变化相联系的要素使用数量方面的变化。污染替代效应的主要含义是指由于污染要素价格的相对低廉，企业为了减少成本，就会尽可能地多用污染要素而少用其他价格相对昂贵的要素，这样就造成了污染要素对其他要素的替代。替代效应记录了污染因要素价格变化而导致的要素使用方面的变化。我们假设是污染要素价格相对劳动力要素来说是低廉的，污染要素和劳动力要素就存在一种替代关系，当污染要素价格低廉时，企业就会多用污染要素而少用劳动力要素，反之则反是，污染和劳动力的替代可以通过一条条无差异曲线反映出来，而无差异曲线的一次次移动就反映了一种要素价格变化而使该要素使用发生变化的情况。在图 2-2 中，通过画一条平行于新预算线 RT（表明污染更低的相对价格）的预算线就可以得到替代效应（即 EF_1段），但那样恰好与原先的无差异曲线 U_1相切。

其次，是要素的成本效应。所谓成本效应是在要素价格保持不变的情况下企业资金势力的增强所造成的要素购买方面的变化。在图 2-2 中，当企业的名义资金实力恢复时，成本效应便出现了。企业没有选择在 D 点购买所需要的污染要素和劳动力，而选择了无差异曲线 U_2上的 B 点。污染要素购买从 OE 到 OF_2增量就是污染要素的成本效应的大小（即 EF_2段）。

从上面分析可以看出，低环境成本所造成的价格相对低廉的污染要素对污染产生具有累加作用，一方面，污染的替代效应使企业更多使用污染要素而少使用其他要素；另一方面，污染的成本效应使企业由于资金增加而扩大生产，从而使污染要素的使用增加。

就污染红利的替代效应而言，企业对污染要素的使用便呈现一些特点。首先，污染的要素价格越低廉，则污染要素对其他因素的替代就越强。在现实生活中的表现就是大量污染企业的进入和企业没有很强烈的动机去治理污染。由于污染成本低廉，政府对污染的管制较为宽松，社会公众对污染的容忍度较高，于是，从事污染密集型的企业就认为，在这个环境之下从事生产不会招致政府和公众的过多反感，自己可以少花钱来赚取更多利润。从事污染生产后，当然也就没有很大的责任来治理污染了，而主要把钱花在对其他要素的购买上。其次，在一个劳动力比较密集的国家，劳动的边际生产力十分低下，污染要素的替代显然主要是对资本和技术、信息、管理等要素进行替代，而这些要素的增强是一个国家经济发展不可或缺的重要因素，所以污染要素的替代效应不利于一个国家经济的长远发展。最后，污染的要素价格越低廉，污染的边际生产力就越低，对于一个企业而言，会弱化企业环保职能部门，从长远来看，当一个地方污染要素高昂时，不利于企业迅速适应环境。

就污染红利的成本效应而言，企业对要素的使用同样呈现出一些特点。在一个污染要素低廉的国家，企业觉得自己的资金实力增强了，会扩大生产，而这又分为两种情况：一是扩大了污染企业的数量，加剧了对环境的掠夺，大量污染密集型企业会聚集到某个地区，使这里的污染十分严重，造成了污染的集中；二是对单个污染企业而言，则会扩大自己的生产，因为污染价格低廉，则企业成本低廉，成本低廉会使利润增加，利润增加会使企业扩大生产，而扩大生产又加剧了污染的严重，造成了污染的积聚。污染的价格越是低廉，企业就越觉得进行污染密集型生产是有利可图的，污染的集中与积聚就更加大。在一个发展中国家，由于政府发展经济的任务比较繁重，大量劳动力就业需要解决，政府便会尽力扩大对企业的招商引资力度，于是大量污染企业就招进来了，这比单个企业扩大生产而招致的环境破坏要大得多，事实表明，污染的集中比污染积聚的破坏力要大很多，并且能使环境破坏在短时间内迅速爆发。

（二）污染红利替代效应和成本效应的关系

正如其他物品的替代效应和成本效应的关系一样，污染红利作为具有比较优势的生产要素，其替代效应和成本效应的关系可以从以下方面进行分析。

首先，污染红利的替代效应和成本效应作为污染红利总效应的分支，两者具有同一个方向，他们的作用是累加的，不是互相抵消的。就污染红利的替代效应来说，当污染的价格低廉时，企业倾向于用污染要素替代其他要素，使得污染的使用大大增强，环境的破坏日益严重。就污染红利的成本效应来说，当污染的价格较低时，这好比减少了企业的成本，增加了企业的利润，由于企业感到有利可图，就会增加了对污染的使用，也使得环境的破坏加剧。

其次，污染红利的替代效应与污染红利的成本效应也有不同的地方。从定义可知，污染红利的替代效应是指在总成本不变的情况下，用污染要素来替代其他要素，而污染红利的成本效应是在污染和其他要素的比例不变的情况下，增加对污染要素的使用，不言而喻，其他要素的使用也增加了，而前者却表明，其他要素的使用减少了。因此，污染红利的替代效应和污染成本效应的区别主要体现在以下三个方面：第一，条件不同，替代效应的条件是假定污染的总成本不变，而成本效应的条件是假定污染要素与其他要素的比例不变；第二，运行机制不同，污染红利的替代效应是企业在总成本不变的条件下，增加污染要素的使用，而成本效应是企业在污染要素与其他要素比例不变的条件下增加污染要素与其他要素的使用；第三，对其他要素的影响不同，当污染价格相对低廉时，污染红利的替代效应会使企业对其他要素的使用减少，而污染红利的成本效应会使企业对其他要素的使用增加。

三、我国污染红利的过渡性特征

在我国，污染要素作为一种企业能够得到的红利，主要是由于我国特殊情况决定的。我国是一个发展中的二元经济大国，劳动力要素充裕，按照刘易斯的说法，就是农村劳动力的边际生产力为零或是负数，这样农业这个传统部门能够源源不断地为现代部门提供劳动力，而这些劳动力的工资水平仅能维持生计。因为其边际生产力十分低下，于是，现代部门的发展只受资本的约束，需要资本的不断积累才能促进现代部门发展（Lewis，1954）。由于劳动力工资异常低下，企业的劳动力成本非常低，这与西方国家形成了鲜明对比，不言而喻，我国经济的发展充分利用了人口红利。然而，即使劳动要素报酬很低，由于我国人口众多，仍有相当一部分人处于失业或半失业状态。为了解决居民就业问题，政府意识到，发展是硬道理，而为了发展，就必须调动各主体的积极性，为了调动各主体积极性，就必须给他们提供发展的条件，甚至是一些优惠条件，于是我国环境对企业的约束就不如发达国家那么强烈，企业因此而获得了一种廉价的生产要素，我们称之为污染红利，相应地，企业所获得的排污环境的低约束我们称之为低污染红利抑制。

随着经济的发展，我国居民环保意识越来越强，各种民间的环保组织自发出现，政府开始采取各种措施加强对污染红利的抑制，例如，加强立法、加大排污征税力度，加强对污染严重企业的规制、制定绿色标准等。企业在遇到了外界的一系列信号后，开始调整自己的行为，例如，购买治污设备、淘汰产能落后的机器、进行科技创新等。因此，污染作为一种红利开始在我国逐渐消失。但在部分发展中国家的短期内，这种红利仍然存在。由于污染作为红利的变化处于动态调整过程之中，且这种动态调整是一种越来越严厉的调整，故部分发展中国家的污染红利也终将消失。

第四节　污染红利导致污染集聚

前已述及，污染作为企业的一种生产要素，它具备了与资本、劳动力等其他生产要素一样的经济属性，成本效应与替代效应就是其基本经济属性之一。污染替代效应是在总成本不变的条件下，用污染要素替代资本、劳动力等其他生产要素；污染成本效应是在保持环境和其他生产要素比例不变的条件下，增加对污染要素的使用。污染要素的替代效用与成本效应是污染红利导致污染集聚的重要诱因。

一、纯价格效应视角下的污染集聚

从污染红利的纯价格效应角度分析，由于环境污染是一种生产要素，故环境污染与其他生产要素一样具有成本效应与替代效应，当污染要素价格下降而被当成红利使用时，环境替代效应会使污染要素替代其他生产要素而使污染增强，环境成本效应会使企业资金实力增强而多购买污染要素，两者均会促使污染要素使用数量增加而带来污染集聚。

当企业得到了低廉的污染要素后，其资金实力会增强，因而会扩大生产，这会带来两种形式的污染集聚：一方面，单个企业扩大生产所带来的污染，我们称之为污染的企业集聚；另一方面，污染要素低廉使得污染密集型产业利润丰厚，这会吸引大量企业进入污染密集型产业，这些污染密集型企业集聚到某个地区，形成污染的地区集聚。如图2－3所示，图中的纵轴表示污染要素价格，横轴度量了企业对污染要素的需求量或者企业的排污数量。之所以把企业对污染要素的需求量与其排污数量均用横轴表示是因为，本书把环境当作生产要素对待，而污染是由企业排放的结果，故企业污染要素使用量实际上就是其污染排放量，二者虽经济含义不同，但实为同一物质，故可以将二者用一条相同的射线对之进行表征。对A企业来说，当污染要素价格为P_1时，其在M_A点生产，相应的排污数量为Q_1；如果企业得到了污染红利，污染要素价格下降为P_2，它会选择在N_A点生产，相应的排污数量为Q_2，线段Q_1Q_2长度即为污染的企业集聚。与此同时，由于A企业得到了污染红利，B企业和C企业为得到污染红利也会加入到A企业所在的污染密集型产业进行生产，由此形成了污染要素的总需求曲线D，该曲线由各企业的需求曲线D_A、D_B和D_C等横向加总而得。图2－3显示，当污染要素价格为P_1时，整个地区会选择在M_D点生产，其相应排污数量为Q_3，如果污染要素价格下降为P_2（此时行业内所有企业均得到了污染红利），整个地区会选择在N_D点生产，相应的排污数量为Q_4，线段Q_3Q_4长度即为污染的地区集聚。很显然，由于污染要素的总需求曲线为各企业污染需求曲线加总所得，故污染地区集聚的破外力比污染企业积聚破外力要大很多。

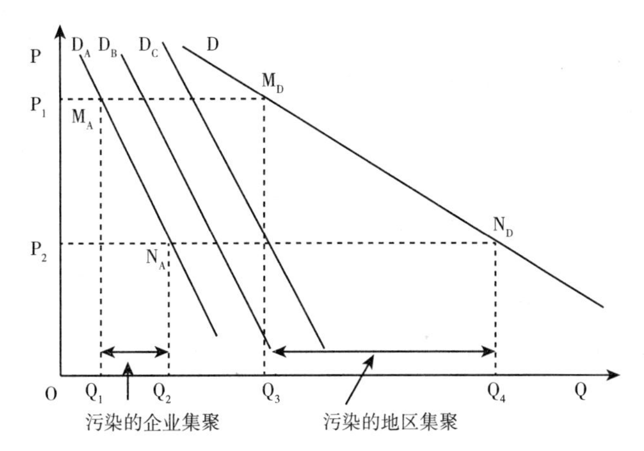

图 2 -3　纯价格效应视角下的污染集聚

注：之所以把企业对污染要素的需求量与其排污数量均用横轴表示是基于以下逻辑：由于本书把污染当作生产要素对待，而污染是由企业排放的结果，故企业污染要素使用量实际上就是其污染排放量，二者虽经济含义不同，但实为同一物质，故可以将二者用一条相同的射线对之进行表征。图2 -4同此。

二、财富竞争效应视角下的污染集聚

（一）财富竞争效应与企业污染要素需求曲线

前述分析表明，环境成本效应与替代效应导致了污染的企业集聚与地区集聚，由于污染地区集聚是由污染企业集聚横向加总而成，故污染地区集聚带来的破外力比污染企业集聚大很多。然而，前面的分析暗含了一个假定，即文章假定影响企业污染集聚的因素仅仅是价格原因，即由于污染要素价格下降，环境替代效应与成本效应促成了污染企业集聚与地区集聚。实际上，除了污染要素的纯价格效应会使污染要素使用量增加外，企业的财富竞争效应也会使污染要素使用量增加，从而使污染集聚程度提高。

所谓财富竞争效应是指企业为了在财富上战胜竞争对手而改变生产与投资的经济行为。一般来说，企业为了在财富上战胜竞争对手，可以采取诸如扩大生产、增加技术投入、加强管理等经济行为。对于污染红利所引致的财富竞争效应而言，企业往往会采取增加污染要素使用的经济行为，而较少采取增加技术投入、加强管理等其他经济生产方式。这主要是因为增加技术投入等经济行为会增加企业成本，而当企业能够把环境当作红利使用时，其增加污染要素使用的成本相对较小，故摒弃技术、管理等生产要素而增加污染要素使用是企业的理性选择。企业的这一理性选择实际上是由污染要素的替代效应与成本效应引起的，即一方面是由于能把污染当作红利而造成了污染要素对技术与管理等要素的替代（污染要素的替代效应），另一方面则由于污染红利减少了企业成本而使企业具有了购买更多污染要素的能力（污染要素的成本效应），为企业进行财富竞争、增加要素使用量提供了物质基础。故污染红利的财富竞争效应是在污染红利的替代效应与成本效应基础上形成的。

图 2－4 显示了污染红利视角下的财富竞争效应。假设 A 企业与 B 企业互为竞争对手，至于二者的生产要素使用选择，为了研究方便，本书参照赛伯特（Sibert，1974）的研究标准，即两个企业均以污染作为唯一生产要素。当 A 企业认为 B 企业只购买了 Q_1 数量的污染要素时，如果 A 企业觉得 Q_1 数量不大，A 企业就会得出 B 企业所赚利润相对较小这个结论，A 企业会缺乏动力去购买更多污染要素。假设在这种情况下，A 企业对污染要素的需求由曲线 D_1 表示。当污染要素价格下降为 P_2 时，假设 A 企业现在认为 B 企业购买了 Q_2 数量的污染要素（其中，$Q_2 > Q_1$），A 企业认为 B 企业可能获得更多利润，出于竞争需要，A 企业开始购买更多污染要素，其对污染要素的需求曲线变为 D_2，D_2 在 D_1 右边。与此类推，当污染要素价格为 P_3 时，A 企业污

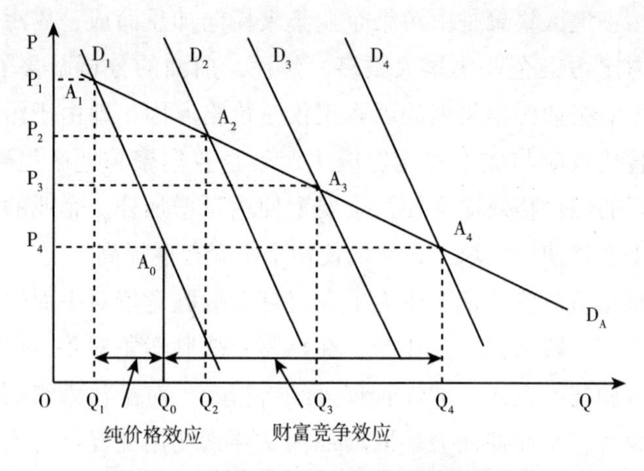

图 2－4 财富竞争效应视角下的污染集聚

染要素需求曲线为 D_3；当污染要素价格为 P_4 时，其污染要素需求曲线为 D_4。通过连接对应于数量 Q_1、Q_2、Q_3、Q_4 的 D_1、D_2、D_3、D_4 曲线上的点就可以确定 A 企业的污染要素市场需求曲线 D_A。很显然，相对于 A 企业原来的污染要素需求曲线 D_1 而言，其变化后的污染要素需求曲线 D_A 较为平坦。那么，D_A 曲线比 D_1 曲线平坦的原因何在？财富竞争效应对企业污染集聚的机理与曲线 D_1 和 D_4 到底具有怎样的关系？对这两个问题的回答即揭示了财富竞争效应促使企业污染集聚的机理所在。

（二）财富竞争效应促使企业污染集聚的机理

首先，当不存在财富竞争效应时，企业由污染要素价格下降所带来的污染集聚由纯价格效应所引致。这主要是因为如果没有财富竞争效应，A 企业对污染要素的市场需求曲线为 D_1，故 A 企业对污染要素的需求会沿着 D_1 曲线变化。图 2－4 显示，当污染要素价格为 P_1 时，A 企业会选择在 A_1 点生产，其排污数量为 Q_1；当污染要素价格下降到 P_4 时，由于没有财富竞争效应，A 企业会选择在 A_0 点生产，其排污数量为 Q_0。故当没有财富竞争效应时，如果污染要素价格从 P_1 下降到 P_4，A 企业排污数量会从 Q_1 增加至 Q_0，增加的排污数量仅为 Q_1Q_0。这种因不存在财富竞争效应而引起的污染集聚我们称之为纯价格效应集聚。很显然，如前所分析，纯价格效应所带来的企业污染集聚是由污染要素的替代效应与成本效应所引致的。

其次，当存在财富竞争效应时，企业由污染要素价格下降所带来的污染集聚由纯价格效应和财富竞争效应联合引致。这主要是因为当存在财富竞争效应时，A 企业对污染要素的市场需求曲线由 D_1 变成了 D_A，故 A 企业对污染要素的需求会沿着 D_A 曲线变化。从图 2－4 可以看到，当污染要素价格为 P_1 时，A 企业会选择在 A_1 点生产，其排污数量为 Q_1；当污染要素价格下降到 P_4 时，此时 A 企业会选择在 A_4 点生产，其排污数量为 Q_4，故 A 企业增加的排污数量为 Q_1Q_4。很显然，Q_1Q_4 由 Q_1Q_0 和 Q_0Q_4 两段组成，前者为具有纯价格效应性质的污染集聚，表示在污染要素价格发生变化的条件下，没有财富竞争效应而仅由污染要素价格变化而导致的企业排污数量变化；后者为具有财富竞争效应性质的污染集聚，表示在污染要素价格发生变化的条件下因财富竞争效应而引致的企业排污数量变化。

由此可见，A企业对污染要素的市场需求曲线 D_A 由纯价格效应和财富竞争效应两部分组成，而原来的污染要素需求曲线 D_1 仅由纯价格效应组成，故A企业变化后的市场需求曲线 D_A 比原来的市场需求曲线 D_1 更平坦、更富弹性。这种更富弹性的曲线为企业排污带来以下影响：第一，该曲线带来了两个方面的污染集聚，即由纯价格效应引致的污染集聚和财富竞争效应引致的污染集聚。第二，由于污染要素需求曲线变得更具弹性，使该曲线对价格的变化更为敏感，使得因污染要素价格下降所导致的污染集聚程度更高，故财富竞争效应强化了污染集聚对于污染要素价格变化的反映。

（三）污染的财富竞争效应对污染地区集聚的影响

由于污染的企业集聚由纯价格效应和财富竞争效应二者联合所致，而污染的地区集聚又由污染企业集聚加总而成，故财富竞争效应会加大污染的地区集聚。如图2－5所示，我们假设 D_{A1} 为没有财富竞争效应的企业污染要素需求曲线，D_{A2} 为存在财富竞争效应的企业污染要素需求曲线；假设 D_{B1} 为没有财富竞争效应的地区污染要素需求曲线，它由没有财富竞争效应的企业污染要素需求曲线横向加总而成，D_{B2} 为存在财富竞争效应的地区污染要素需求曲线，它由具有财富竞争效应的地区污染要素需求曲线横向加总而成。图2－5显示，就污染的企业集聚视角考察，当没有财富竞争效应时，如果污染要素价格从 P_1 下降到 P_2，$Q_{A1}Q_{A2}$ 为由纯价格效应所引致的企业污染集聚；当存在财富竞争效应时，$Q_{A1}Q_{A3}$ 段为企业污染集聚。显然，相对于原来的企业污染集聚 $Q_{A1}Q_{A2}$ 而言，$Q_{A1}Q_{A3}$ 因财富竞争效应而比 $Q_{A1}Q_{A2}$ 增加了 $Q_{A2}Q_{A3}$，$Q_{A2}Q_{A3}$ 即为由财富竞争效应所引致的企业污染集聚。就污染的地区集聚而言，图2－5显示，当没有财富竞争效应时，此时地区污染要素需求曲线为 D_{B1}，如果污染要素价格从 P_1 下降到 P_2，污染的地区集聚为 $Q_{B1}Q_{B2}$，该段亦为由纯价格效应所引致的地区污染集聚；当存在财富竞争效应时，如果污染要素价格从 P_1 下降到 P_2，此时地区污染要素需求从 Q_{B1} 增加到 Q_{B3}，显然，$Q_{B1}Q_{B3}$ 因财富竞争效应而比 $Q_{B1}Q_{B2}$ 增加了 $Q_{B2}Q_{B3}$，$Q_{B2}Q_{B3}$ 即为由财富竞争效应所引致的地区污染集聚。由此可见，由于地区污染集聚是企业污染集聚加总而成，故由财富竞争效应所带来的企业污染集聚增长会更大幅度地促进地区污染集聚增加。

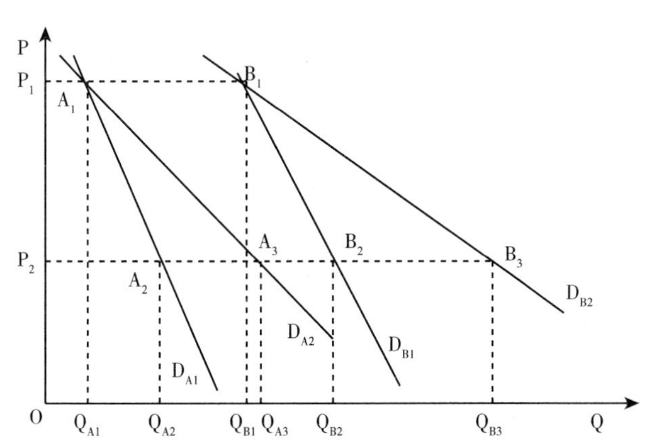

图 2-5 融入了财富竞争效应的污染企业集聚与地区集聚

三、进一步的讨论

（一）污染红利导致污染集聚的机理

综上所述，污染红利之所以导致污染集聚是由于污染红利的纯价格效应与财富竞争效应所引致。

（1）从污染红利的纯价格效应角度分析，由于环境是一种生产要素，故环境与其他生产要素一样具有成本效应与替代效应，环境的替代效应会使污染要素替代其他生产要素而使污染增强，环境的成本效应会使企业资金实力增强而多购买污染要素，两者均会促使污染的企业集聚；同时，污染要素低廉会吸引大量企业进入污染密集型产业，形成污染的地区集聚。

（2）从污染要素的财富竞争效应视角观察，企业为了在财富上战胜竞争对手会增加生产要素使用数量，由于污染红利的替代效应与成本效应使得企业所采取的选择是增加污染要素使用数量而不是增加技术、管理等其他生产要素的使用数量，这会进一步导致污染集聚。

（3）污染红利的纯价格效应和财富竞争效应联合引致了更富弹性的污染要素需求曲线，使得因污染要素价格下降所导致的污染集聚程度更高。

（4）由于污染的企业集聚由纯价格效应和财富竞争效应二者联合引致，而污染的地区集聚又由污染企业集聚加总而成，故污染红利的纯价格效应与财富竞争效应联合引致了污染的地区集聚，其引致机理蕴涵于图2－6之中。

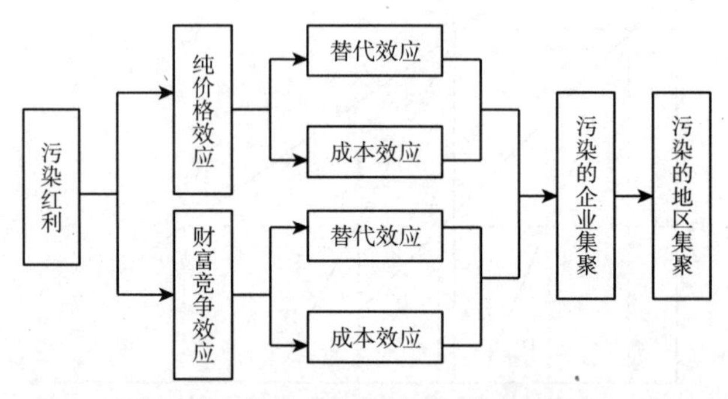

图2－6　污染红利导致污染集聚的机理

（二）两种污染集聚机理的联系

上述分析表明，污染红利促使污染集聚的机理表现在两个方面：第一种机理为污染红利的纯价格效应诱导机制。第二种机理为污染要素的财富竞争效应诱导机制。两者的联系表现在以下方面：首先，两者的原始动力相同，均由污染要素价格下降诱导所致。其次，两者的最终结果相同，均带来了污染集聚。最后，两者的发生均以污染要素的替代效应与成本效应为基础。如前所述，正是由于污染要素的替代效应与成本效应，使得污染要素价格下降时企业多用污染要素而导致污染集聚，这是污染集聚的纯价格效应。也正是由于污染要素的替代效应与成本效应，使得企业因财富竞争而扩大生产时所采取的选择是增加污染要素使用而不是增加技术、管理等其他生产要素的使用，这一方面是因为污染红利的替代效应造成了污染要素对技术与管理等生产要素的替代所致，另一方面是由于污染红利减少了企业成本而使企业具有了购买更多污染要素的能力。故污染红利的替代效应与成本效应使得污染视角下的财富竞争效应具有以下特征：企业不是通过采用技术与管理等先进生产要素投入来增加财富，而是通过对污染要素使用量的增加来增加财富。由此说明，污染要素的成本效应与替代效用不仅是推动污染纯价格效应的引擎，也是污染财富竞争效应赖以发生作用的基础。

四、结论与政策含义

为了对污染红利导致污染水平上升的内在机理进行探究，本书构建了一个污染红利导致污染集聚的理论框架。研究表明：污染红利之所以导致污染集聚正是由于污染红利的纯价格效应与财富竞争效应联合引致。首先，从污染红利的纯价格效应角度分析，环境替代效应会使污染要素替代其他生产要素而使污染增强，环境成本效应会使企业因资金实力增强而多购买污染要素，两者均会促使污染的企业集聚；同时，污染要素低廉会吸引大量企业进入污染密集型产业，形成污染的地区集聚。其次，从污染要素的财富竞争效应视角观察，企业为了在财富上战胜竞争对手会增加污染要素使用数量，这会进一步导致污染集聚。再次，污染红利的纯价格效应和财富竞争效应联合引致了更富弹性的污染要素需求曲线，使得因污染要素价格下降所导致的污染集聚程度更高。最后，由于污染的企业集聚由纯价格效应和财富竞争效应二者联合引致，而污染的地区集聚又由污染企业集聚加总而成，故污染红利的纯价格效应与财富竞争效应联合引致了污染的地区集聚。

第五节　污染红利的发展阶段

在经济发展的较低阶段，经济处于一种生存维系状态，对自然资源的影响不大，对环境的影响较为有限，污染作为一种要素红利而存在。随着经济的增长和工业的大规模发展，资源消耗速率开始超出资源更新速率，废物排放的数量和毒性均有增加。在较高经济发展阶段，人们的环境意识得到了强化，污染红利抑制政策也更为有效，技术更为先进，抑制污染红利的开支得到增加，使得环境退化得以遏制并逐步得到逆转，污染要素红利随之消失。可见，污染红利的存在具有阶段性特征。在经济发展的起飞阶段，污染红利会出现，当经济发展到高级阶段以后，污染红利抑制则会出现，污染作为一种红利现象会消失。既然这样，污染红利的发展阶段应如何划分呢？怎样判断一个国家存在污染红利呢？显然，对此问题的探寻具有重要的理论与实践意义。

一、污染红利发展阶段的划分标准

20 世纪 50 年代，美国经济学家库兹涅茨研究经济增长与收入差异的关系时发现，在经济增长的起飞阶段，收入差距会随经济增长而变大，当经济增长到达某一阶段时，收入差异会缩小，因而经济增长与收入关系是一个倒 U 的形状，这被称为库兹涅茨曲线。由于经济增长与环境污染水平可能存在倒 U 型曲线与库兹涅茨所提出的经济增长与收入差异关系的倒 U 型曲线特征相似，潘纳约托（Panayotou，1997）称之为环境库兹涅茨曲线。该理论假说的主要内容是：在经济起飞阶段，污染被当作红利使用的现象是不可避免的，在污染转折点到来之前经济增长与环境污染水平是一种此消彼长的矛盾关系；伴随着经济快速增长，消耗了大量自然资源，环境质量也进一步恶化，环境资源的稀缺性日益凸显，对污染红利抑制的投资会因之而增大；当经济发展到一定阶段时，经济增长将为污染红利的消失创造条件。从总体上看，污染红利使用与经济增长的关系呈倒 U 型曲线特征，因此环境库兹涅茨曲线所揭示的经济增长与污染红利使用水平的关系是一个长期的规律。

环境库兹涅茨曲线理论为污染红利阶段的划分指明了标准。很显然，如果各污染红利指标与人均 GDP 之间存在库兹涅茨曲线，则该曲线必存在拐点，拐点左侧表示：在经济增长的低级阶段，污染被当作红利利用的现象逐渐增强，故库兹涅茨曲线的左端表示为污染红利的形成阶段。拐点右侧表示：在经济增长的高级阶段，污染红利利用逐渐消失，故库兹涅茨曲线的右端表示为污染红利的抑制阶段。

同时，环境库兹涅茨曲线理论意味着在污染红利的形成阶段，污染红利对经济增长具有促进作用。该理论意味着发展中国家在工业化的起飞阶段，污染被当作红利使用的现象会不可避免地出现，说明污染红利对经济增长有一定的促进作用，在个别年份可能有较强的促进作用。

环境库兹涅茨曲线理论表明，在人均收入到达一定水平以后，污染作为红利使用的现象得到抑制，此时的污染不再是一种红利。然而，需要引起我们注意的是，虽然经济增长会使污染红利使用得到抑制，但它不是自发实现的，对污染红利使用听之任之的观点和政策不是最优选择。

二、我国污染红利发展阶段的划分

（一）库兹涅茨曲线常用模型与回归方程

1. 库兹涅茨曲线方程中表征经济增长与环境污染水平的七种关系

顾春林（2003）总结了目前西方经济学家研究污染库兹涅茨曲线的常用模型与回归方程。他认为，目前经济学者研究环境库兹涅茨曲线常用的回归方程是：

$$EP_{it} = \alpha_0 + \alpha_1 Y_{it} + \alpha_2 Y_{it}^2 + \alpha_3 Y_{it}^3 + \alpha_4 t + \alpha_5 Z_{it} + e_{it} \quad (2.1)$$

式中：i 代表不同国家，t 代表时间，EP_{it}表征环境污染水平（或环境压力），α_i 为解释变量的系数，Z_{it}代表其他引起环境退化的因素，e_{it}代表正常的误差项。上述模型可以表征经济增长与环境污染水平的七种关系。

（1）$\alpha_1 > 0$，$\alpha_2 = \alpha_3 = 0$ 表示随着经济增长，环境质量急剧恶化。

（2）$\alpha_1 < 0$，$\alpha_2 = \alpha_3 = 0$ 表示经济增长与环境质量的关系是相互促进的和谐关系。伴随着经济增长，环境质量亦相应改善。

（3）$\alpha_1 < 0$，$\alpha_2 > 0$，$\alpha_3 = 0$ 表示经济增长与环境质量之间存在 U 型关系，是与环境库兹涅茨关系完全相反的关系。

（4）$\alpha_1 > 0$，$\alpha_2 < 0$，$\alpha_3 = 0$ 表示经济增长与环境质量之间的关系存在倒 U 型关系，是典型的环境库兹涅茨关系，当经济发展到一定程度之后，经济增长将有利于环境质量的改善。

（5）$\alpha_1 > 0$，$\alpha_2 < 0$，$\alpha_3 > 0$ 表示经济增长与环境质量之间的关系为 N 型，在经济增长的一段时期内与倒 U 型关系相似，但经济发展到更高阶段时，环境质量会随经济增长而恶化。

（6）$\alpha_1 < 0$，$\alpha_2 < 0$，$\alpha_3 > 0$ 表示经济增长与环境质量之间的关系为倒 N 型，在经济增长的早期，环境质量会改善，但经济发展到一定程度时，环境质量会恶化，之后环境质量会改善。

（7）$\alpha_1 = \alpha_2 = \alpha_3 = 0$ 表示经济增长与环境质量间没有关系。

2. 常用回归模型

（1）人均 GDP 收入 Y 作为唯一变量，这是研究经济增长与环境质量关系中最基本的模型，其基本方程如下：

线性：$$E_{it}=\alpha_0+\alpha_1 Y_{it}+\varepsilon_{it} \quad (2.2)$$

二次：$$E_{it}=\alpha_0+\alpha_1 Y_{it}+\alpha_2 Y_{it}^2+\varepsilon_{it} \quad (2.3)$$

对数一次性：$$\ln E_{it}=\alpha_0+\alpha_1 \ln(Y_{it})+\varepsilon_{it} \quad (2.4)$$

对数二次：$$\ln E_{it}=\alpha_0+\alpha_1 \ln(Y_{it})+\alpha_2 \ln(Y_{it}^2)+\varepsilon_{it} \quad (2.5)$$

式中，E_{it}代表环境污染的排放量或浓度，Y代表收入，ε代表误差，α代表系数，t代表时间。

（2）在人均GDP、收入Y的基础上，增加人口因素作为变量，其基本方程为：

$$E_{it}=\alpha_0+\alpha_1 \ln(Y_{it})+\alpha_2 \ln(p_{it})+\alpha_3 \ln(Y_{it}^2)+\alpha_4 \ln(p_{it}^2)+\varepsilon_{it} \quad (2.6)$$

（3）人均GDP、收入Y、人口P和地理环境因素G共同作为变量。一些学者在上述模型的基础上，增加地理环境因素，其基本方程为：

$$E_{it}=\alpha_0+\alpha_1 Y_{it}+\alpha_2 p_{it}+\alpha_3 G_{it}+\alpha_4 Y_{it}^2+\alpha_5 G_{it}^2+\varepsilon_{it} \quad (2.7)$$

（4）人均GDP、收入Y、人口P、经济增长率g和政策因素P共同作为变量。其基本方程为：

$$E_{it}=\alpha_0+\alpha_1 Y_{it}+\alpha_2 Y_{it}^2+\alpha_3 Y_{it}^3+\alpha_4 p_{it}+\alpha_5 p_{it}^2+\alpha_6 p_{it}^3+\alpha_7 g_{it}+\alpha_8 g_{it} Y_{it}+\alpha_9 g_{it} p_{it}+\alpha_{10} p_{it} Y_{it} \quad (2.8)$$

（5）在人均GDP、收入Y的基础上，增加贸易因素T作为变量。一些学者在模型中增加贸易作为变量，贸易因素的参数采用进口商品与商品产量的比值或出口商品与商品总量的比值表示，该模型的方程为：

$$E_{it}=\alpha_0+\alpha_1 Y_{it}+\alpha_2 Y_{it}^2+T_{it}+\varepsilon_{it} \quad (2.9)$$

（6）在人均GDP、收入Y的基础上，增加体制因素I和政策因素M作为变量。这一模型与众不同之处是在人均收入的基础上，增加体制因素，例如，政治权利分配、人权以及宏观经济政策因素作为变量，该模型的方程为：

$$E_{it}=\alpha_0+\alpha_1 Y_{it}+\alpha_2 I_{it}+\alpha_3 M_{it} \quad (2.10)$$

（二）模型设定、变量选取与数据来源

1. 模型设定

本书对我国污染红利阶段划分进行实证所采用的库兹涅茨曲线回归方程为：

$$EP = \alpha + \beta_1 Y + \beta_2 Y^2 + \beta_3 Y^3 + e \qquad (2.11)$$

式中，α 代表常数，EP 表征污染红利水平，β_i 为解释变量的系数，Y 代表人均 GDP，e 代表正常的误差项。很显然，如果各污染红利指标与人均 GDP 之间存在 N 型或倒 N 型关系，则不能划分污染红利的发展阶段；如果各污染红利指标与人均 GDP 之间存在倒 U 型关系，则该曲线必存在拐点，拐点左端表示为污染红利的形成阶段，拐点右端表示为污染红利的抑制阶段。

2. 变量选取与数据来源

在研究环境污染与经济增长的库兹涅茨曲线实证文献中，较多地采用以下三类变量来度量环境质量：废水排放量、废气排放量和工业粉尘排放量。鉴此，本书采用废水排放量、废气排放量和工业粉尘排放量来作为污染红利的工具变量。本书的人均收入指标用人均 GDP 来度量。

本书污染红利的数据来源由相应各年度《中国统计年鉴》《中国环境统计公报》整理并计算而得；人均 GDP 数据由历年《中国统计年鉴》整理而得。本书所用数据的时间跨度为 1992 ~2016 年的时间序列数据。

三类污染红利名称、单位及表示符号见表 2 -1。

表 2 -1　三类污染红利名称、单位及表示符号

序号	污染红利名称	单位	本书采用记号
1	废水红利	万吨	WATER
2	工废气红利	亿标立方米	GAS
3	工业粉尘红利	万吨	SOLID

（三）污染红利与人均 GDP 的库兹涅茨特征

利用 EViews9.0 软件，本书对我国三类污染红利指标与人均 GDP 的库兹

涅茨曲线回归情况进行了估计。结果发现，三类污染红利与人均 GDP 拟合模型的 R^2 均超超过 0.8，但各模型的 t 统计量与 F 统计量均不显著，说明各模型的拟合程度不好，鉴此，本书对污染红利进行实证所采用的库兹涅茨曲线回归方程改为以下形式：

$$EP = \alpha + \beta_1 Y + \beta_2 Y^2 + e \tag{2.12}$$

利用 EViews 9.0 软件，本书对我国三类污染红利指标与人均 GDP 的库兹涅茨曲线回归情况重新进行了估计。实证结果见表 2-2。从表 2-2 可以看出，三类污染红利与人均 GDP 拟合模型的 R^2 均超过了 0.8，说明各模型的拟合程度均较好，三类模型的 D. W 指标均为 1.80 左右，说明各模型均没有序列相关现象。同时，各模型的 t 统计量与 F 统计量均较为显著。由此说明，三类污染红利指标与人均 GDP 之间存在污染库兹涅茨关系。

表 2-2　　　　我国污染红利的库兹涅茨曲线

污染指标	C	GDP	GDP^2	R^2	F 检验	D. W
WATER	9083.868 (5.538)	0.695260 (3.28)	-2.23E-06 (6.58)	0.86	51.36	1.89
SO_2	10045.42 (3.05)	2.916179 (7.07)	-5.27E-05 (-5.31)	0.82	37.53	1.83
SOLID	6767.485 (4.03)	0.584134 (2.77)	-2.38E-06 (-5.49)	0.89	31.93	1.79

1. 废水红利的库兹涅茨曲线

回归结果表明，我国废水污染红利与人均 GDP 之间的关系可以表示为：

$$WATER = 9083.8682 + 0.6953GDP - 2.2342(e-006)GDP^2 \tag{2.13}$$

由上式可以算出，我国废水污染红利与人均 GDP 的库兹涅茨拐点位于人均 GDP 为 2.556 万元/人处。这一结果表明，当人均 GDP 低于 2.556 万元时，此阶段的经济发展易于形成污染红利；而当人均 GDP 达到 2.556 万元时，此阶段的经济发展倾向于抑制污染红利。

2. 废气红利的库兹涅茨曲线

表2-2表明，我国废气污染红利与人均GDP之间的EKC方程呈现以下形式：

$$SO_2 = 10045.4219 + 5.9162GDP - 5.2680(e-009)GDP^2 \quad (2.14)$$

从上式可以算出，表征废气污染红利的库兹涅茨拐点是2.768万元/人。该拐点数值表明，当我国人均GDP低于2.768万元/人时，废气污染红利将随着人均GDP的上升而增加；只有当人均GDP超过2.768万元/人的临界水平时，废气污染红利才呈下降趋势。

3. 工业粉尘红利的库兹涅茨曲线

表2-2显示，我国工业粉尘污染红利与人均GDP的EKC模型为：

$$SOLID = 6767.4849 + 0.5841GDP - 1.2750(e-006)GDP^2 \quad (2.15)$$

根据上式可以算出，我国工业粉尘污染红利与人均GDP的库兹涅茨拐点在2.629万元/人处。该拐点表明，当人均GDP低于2.629万元/人时，我国工业粉尘污染红利将随人均GDP的增加而增加，当人均GDP高于2.629万元/人时，随着人均GDP增加，我国工业粉尘污染红利将日趋缩小。

（四）我国污染红利的发展阶段

1. 发展阶段的划分标准

前面的实证分析表明：就废水红利而言，当人均GDP低于2.556万元时，此阶段的经济发展易于形成污染红利；而当人均GDP达到2.556万元时，此阶段的经济发展倾向于抑制污染红利，因此，废水污染红利的库兹涅茨转折点为人均GDP达到2.556万元处。同理，根据前面的分析，废气污染红利的库兹涅茨转折点为人均GDP达到2.768万元处，我国工业粉尘污染红利的库兹涅茨转折点为人均GDP达到2.629万元处。

根据历年《中国统计年鉴》，我国人均GDP在2009年达到2.56万元，在2010年达到2.97万元。因此，根据计算，我国污染红利可以以2010年为分界点，在2010年之前为我国是污染红利的形成阶段，在2010年之后则为我国污染红利的抑制阶段。

2. 进一步的验证

本书的分析表明，在2010年之前，我国的污染红利会随着经济增长而增加，故2010年之前为我国污染红利的形成阶段，2010年之后为我国污染红利的抑制阶段。鉴于此，本书决定选用1992～2010年的污染红利与人均GDP数据，就污染红利库兹涅茨特征进行分析，以证实前面分析的正确性。本部分对污染红利进行实证所采用的库兹涅茨曲线回归方程为：

$$EP = \alpha + \beta_1 Y + \beta_2 Y^2 + \beta_3 Y^3 + e \tag{2.16}$$

经过测算，三类污染红利与人均GDP拟合模型的R^2均超过了0.9，说明各模型的拟合程度均较好，三类模型的D.W指标也为1.80左右同时，各模型的t统计量与F统计量均较为显著。此阶段的废水红利、废气红利与工业粉尘红利的库兹涅茨曲线具有以下特征。

（1）废水红利与人均GDP。回归结果表明，废水红利WATER与人均GDP之间存在N型曲线关系，相应的模型回归结果是：

$$\begin{aligned} WATER = 5824.19 + 1.83INGDP - (7.47e-005)GDP^2 \\ + (1.16e-009)GDP^3 \end{aligned} \tag{2.17}$$

上式的回归检验结果如下：$R^2=0.9088$，说明模型的拟合程度较好。D.W=1.9314，说明模型没有序列相关现象。Wald系数检验结果表明：对于$C_3=0$，其相应的F值为9.2225，对应的P值为0.0078，说明C_3显著不为0；对于$C_3=C_4=0$的假设，其对应的F值为4.6134、P值为0.0262。以上分析说明了废水污染与人均GDP之间存在N型关系。

（2）废气红利与人均GDP。初步的回归结果表明，废气红利与人均GDP之间的关系为N型关系，具体的回归方程表示如下：

$$GAS = 5522.03 + 4.49GDP - 0.00015GDP^2 + (1.62e-009)GDP^3 \tag{2.18}$$

上式表明，废气红利与人均GDP之间存在N型曲线关系。$R^2=0.8670$；Wald系数检验结果表明：对于$C_3=0$，其相应的F值为7.4822，对应的P值为0.0147，说明C_3显著不为0；对于$C_3=C_4=0$的假设，其对应的F值为17.6524、P值为0.0001。以上分析说明了废水污染与人均GDP之间存在N型关系。但是D.W=1.5304，说明模型存在序列相关现象。在加入一阶自回归后，重新设定的废气红利与人均 GDP 的模型为：

$$GAS = 3660.4 + 4.79GDP - 0.00017GDP^2 + (1.8e-009)GDP^3 + [AR(1) = 0.0025] \quad (2.19)$$

重新设定模型后，其 D. W = 1.9230；对于 $C_3 = 0$，其相应的 F 值为 7.6796、P 值为 0.0150，说明 C_3 显著不为 0；对于 $C_3 = C_4 = 0$ 的假设，其对应的 F 值为 15.8584、P 值为 0.0003；AR = 0.0025。以上分析说明了废气红利与人均 GDP 之间存在 N 型关系。

（3）工业粉尘红利与人均 GDP 的 EKC 检验。根据估计结果，工业粉尘红利与人均 GDP 的 EKC 模型回归结果是：

$$SOLID = 2653.62 - 0.1878GDP + (4.25e-006)GDP^2 - (2.00e-011)GDP^3 \quad (2.20)$$

表面上看来，似乎工业粉尘和 GDP 之间存在一种倒 N 型曲线关系。D. W = 1.7301，说明模型有序列相关现象；$R^2 = 0.8972$；Wald 系数检验结果表明：对于 $C_3 = 0$，其相应的 F 值为 0.4927，对应的 P 值为 0.4928，说明无法拒绝 C_3 为 0 的假设；对于 $C_3 = C_4 = 0$ 的假设，其对应的 F 值为 0.4250，P 值为 0.6609。以上分析说明了工业粉尘与人均 GDP 之间原来的关系是不正确的。将二者设定为线性关系后发现，新的 $R^2 = 0.5770$，D. W = 0.4589，说明设定为线性关系也是不正确的。经重新设定，工业粉尘红利与人均 GDP 的模型为：

$$SOLID = 2441.11 - 0.12GDP + (4.64e-011)GDP^3 \quad (2.21)$$

新回归结果的 $R^2 = 0.8796$，D. W = 2.0044；F = 63.00，Wald 系数检验结果表明：对于 $C_3 = 0$，其相应的 F 值为 42.7328，对应的 P 值为 0.000，说明 C_3 显著不为 0。因此工业粉尘与人均 GDP 的关系为 N 型关系，不过这种 N 型关系没有二次项。

从上面分析可以看出，在 2010 年之前，我国污染红利与经济增长还处于曲线的上升时期，这说明对于我国而言，2010 年之前人均收入水平还没有达到这一临界水平的要求，此阶段的经济发展水平还处于倒 U 型 EKC 曲线的左边，所谓的 N 型实际上反映的是曲线左边的变化状况，说明曲线左边的平滑程度与发展趋势，环境污染 EKC 曲线说明了我国经济在 2010 年之前还处于一个上升阶段。事实也可以说明，2010 年之前，我国工业化的一个显著特点是工业产出往往依赖于资源品与能源品的消耗，故污染红利与人均生产总值变化的倒 U 型 EKC 在此阶段并未出现。

三、结论

污染红利的发展阶段应如何划分？显然，对此问题的探寻具有重要的理论与实践意义。鉴此，本书对污染红利的划分标准进行了理论分析，并对我国污染红利的发展阶段进行了实证分析，得到了以下结论。

首先，理论分析表明：如果各污染红利指标与人均 GDP 之间存在库兹涅茨曲线，则库兹涅茨曲线的左端表示为污染红利的形成阶段，拐点右端表示为污染红利的抑制阶段。

其次，根据历年《中国统计年鉴》与对我国污染红利库兹涅茨特征的分析，发现我国污染红利可以以 2010 年为分界点，在 2010 年之前为我国是污染红利的形成阶段，在 2010 年之后则为我国污染红利的抑制阶段。为了进一步证实上述实证研究结果，本书用我国 2010 年之前的时序数据，就污染红利对经济增长的关系进行了分析，发现污染红利与经济增长呈现 N 型关系，说明 2010 年之前我国污染红利与经济增长处于曲线的上升时期，从而证实了前面实证分析的正确性。

上述实证表明，在 2010 年之前，由于我国把污染当作红利使用，因此，2010 年之前阶段的污染红利对经济增长应该具有促进作用。

第六节　本章小结

不言而喻，污染的形成是生产或生活的必然结果。在市场经济体制下，企业的生产—污染是均衡的。①一定的生产会产生相应数量的污染，污染受到生产的制约。第一，在技术和制度等其他条件不变的情况下，生产的数量决定了污染的数量，污染是生产的函数，生产增加，污染增加，生产减少，污染减少；第二，生产的性质决定污染的性质；第三，生产的条件改变，污染状况也会随之发生变化。②污染对生产具有反作用。一方面，在工业发展的低级阶段，污染是促生污染密集型产业生产的温床；另一方面，在工业发展的高级阶段，污染的存在对污染密集型产业的生产具有明显的抑制作用，而对污染相对较轻行业的生产具有促进作用。

污染要素是指把传统要素理论中忽略的污染物内化到要素中，使之与土地要素、资本要素、“人类”要素、科技要素等成员一起，作为一种新的生产要素。污染要素概念是建立在整体环境资源属性、环境稀缺和污染有价的认识基础上的，其特别强调的是：环境是一种经济资源，有经济价值。污染要素蕴含着污染减量化使用、循环使用、清洁生产和低代价经济增长的思想。由于环境及其净化能力属于稀缺资源，故污染要素是有价格的，但污染要素价格很难通过产品反映出来，且污染要素的价格计量存在困难。一般来说，污染要素价格的影响因素包括两个方面。首先，自然资源（尤其是不可再生资源）的丰裕程度和可替代、可更新程度越大，污染处理技术能力越强，则污染要素的价格会越低。其次，环境偏好程度高的国家往往有着较高的环境目标，其环境标准也较高，污染要素价格也相对较高；反之，则污染要素价格就相对较低。

从污染红利的分析可以看出，污染要素红利具有历史性。一方面，在经济欠发达地区，政府意识到发展是硬道理，而为了发展，就必须调动各主体的积极性，为了调动各主体积极性，就必须给他们提供发展的条件，甚至是一些优惠条件，于是环境对企业的约束就不如发达地区那么强烈，企业因此而获得了一种廉价的生产要素，这就是污染红利。另一方面，随着经济的发展，居民环保意识越来越强，政府也开始采取各种措施加强对环境的管理，加强对污染严重企业的规制。因此，从长期来看，污染作为一种红利不会永久存在。

污染作为一种生产要素，也获得了它许多应有的属性，这主要通过其成本效应和替代效应表现出来。就污染要素的替代效应而言，企业对污染要素的使用便呈现一些特点。第一，污染的要素价格越低廉，则污染要素对其他因素的替代就越强；第二，在一个劳动力比较密集的国家，劳动的边际生产力十分低下，污染要素的替代显然主要是对资本和技术、信息、管理等要素进行替代，这不利于一个国家经济的发展；第三，污染的要素价格越低廉，从长远来看，不利于企业的发展。就污染要素的成本效应而言，企业对要素的使用同样呈现出一些特点。在一个污染要素低廉的国家，它会造成污染的集中；对单个污染企业而言，则会造成污染的积聚。

污染红利之所以导致污染集聚是由于污染红利的纯价格效应与财富竞争效应联合引致。首先，从污染红利的纯价格效应角度分析，环境替代效应会使污染要素替代其他生产要素而使污染增强，环境成本效应会使企业因资金实力增强而多购买污染要素，两者均会促使污染的企业集聚；同时，污染要素低廉会吸引大量企业进入污染密集型产业，形成污染的地区集聚。其次，从污染要素的财富竞争效应视角观察，企业为了在财富上战胜竞争对手会增加污染要素使用数量，这会进一步导致污染集聚。再次，污染红利的纯价格效应和财富竞争效应联合引致了更富弹性的污染要素需求曲线，使得因污染要素价格下降所导致的污染集聚程度更高。最后，由于污染的企业集聚由纯价格效应和财富竞争效应二者联合引致，而污染的地区集聚又由污染企业集聚加总而成，故污染红利的纯价格效应与财富竞争效应联合引致了污染的地区集聚。

环境库兹涅茨曲线理论表明：在经济增长的低级阶段，污染红利利用逐渐增强，故库兹涅茨曲线的左端表示为污染红利的形成阶段，右端表示为污染红利的抑制阶段。根据历年《中国统计年鉴》与对我国污染红利库兹涅茨特征的分析，发现我国污染红利可以以 2010 年为分界点，在 2010 年之前为我国是污染红利的形成阶段，在 2010 年之后则为我国污染红利的抑制阶段。可见，在 2010 年之前，由于企业把污染当作红利使用，因此，2010 年之前阶段的污染红利对经济增长应具有促进作用。

第三章
我国污染红利的形成

污染红利作为环境生产要素的一种比较优势，其形成机理到底如何？环境生产要素理论对此未给予明确回答。然而，学术界就经济增长对环境污染的影响进行了富有成效的探寻。综观现有文献可以发现，学术界主要从技术（Stokey，1998）、经济结构（Grossman，1995）、自然资源成本（Thampapillai，2003）、国际贸易（Panayotou，2003）、收入环境需求弹性（Lopez，1994）和国家政策方面（Torras，1998）等方面来论证经济增长对环境污染的影响。可见，学术界就经济增长对环境污染影响的研究成果较为丰富，这为本章有关我国污染红利的形成提供了可资借鉴的角度与方法。鉴于此，本章决定从环境禀赋转化为污染红利的约束机制、地方政府竞争、行政垄断、收入差距对污染红利的影响等方面来对我国污染红利的形成进行了探寻。

本章结构安排如下。第一节为环境禀赋转化为污染红利的约束机制；第二节为地方政府竞争与污染红利的形成；第三节为行政垄断与污染红利的形成；第四节为收入差距与污染红利的形成。根据第二章污染红利划分阶段的分析，在2010年之前为我国污染红利的形成时期，2010年之后为污染红利的抑制时期。由此，本章进行实证分析所用到的数据为我国2010年之前的相关数据。

第一节　环境禀赋转化为污染红利的约束机制研究

本节构建了一个环境禀赋转化为污染红利约束机制的理论框架，研究发现：①从环境禀赋形成机理的角度分析：污染红利受生产、贸易与技术发展约束。②从环境禀赋转化为污染红利的约束机制视角分析，经济发展的低级阶段倾向于产生污染红利；经济发展的高级阶段则倾向于抑制污染红利。利用我国 1986 ~ 2010 年相关数据对上述研究进行了实证检验，结果证实了上述研究结论的正确性。

本节结构安排如下。第一部分对环境禀赋的形成机理和环境禀赋转化为污染红利的约束机制进行了分析，并为此提出 5 个分析假设；第二部分用我国省级数据对前述 5 个理论假设进行实证检验；第三部分则给出了结论与政策含义。

一、理论分析框架

（一）污染红利与环境禀赋的形成机理

环境禀赋揭示了一国环境资源供给的丰缺状况，当环境作为一种生产要素使用时，其利用强度受环境禀赋制约。如果区域环境禀赋较高，意味着环境禀赋转化为污染红利的潜能较强；反之，如果环境禀赋较低，意味着该区域环境禀赋转化为污染红利的潜能较弱（Sibert，1974）。由于污染红利受环境禀赋约束，故要探究污染红利的形成机理，应先探究区域环境禀赋的形成机理。

珀曼（Perman，2002）认为，污染是生产的副产品，生产的数量决定了污染的数量；当生产增加时，污染随之增加；当生产减少时，污染也会跟着减少。格罗斯曼（Grossman，1991）进一步指出，随着生产增加，经济规模会越来越大，如果其他约束条件不变，则由生产所带来的污染会越来越多，区域环境禀赋越来越差。此外，格罗斯曼（Grossman，1995）还指出，生产影响环境禀赋的特征受经济发展阶段约束，经济发展阶段不同，生产对环境禀赋的影响方式不一样。当劳动力与资源密集型产业占主导地位时，生产影响环境禀赋的主要方式是破坏自然资源；当重工业、石化工业占主导地位时，生产影响环境禀赋的主要方式则是废气、废水、固体废物排放的大量增加；只有当高新技术产业与服务业占主导地位时，生产对环境禀赋的影响才是有利的（Grossman，1995）。故在经济发展的低级阶段，生产发展不利于环境禀赋提高；在经济发展的高级阶段，生产发展则有利于环境禀赋增强。此外，经济学界认为，除了生产会影响环境禀赋以外，贸易与技术也会对环境禀赋产生影响。

技术影响环境禀赋的内在机理表现在两个方面：第一，直接作用。该作用一方面表现为成本效应，另一方面表现为资源利用效应。所谓成本效应是指技术进步能降低人类治理环境污染的成本，环境治污成本的降低会减少企业等治污主体治理环境污染的阻力，从而提高了治污主体积极性并最终使环境禀赋增强（Thampapillai，2003）；资源利用效应表现为技术进步会提高环境资源的利用效率、减少污染排放，从而提高区域环境禀赋（Thampapillai，2003）。如企业在生产过程中利用技术进步使燃料尽可能充分燃烧而减少排放到大自然的残余物就属于此类。第二，间接作用。技术进步对环境禀赋的间接影响体现在技术进步促使经济增长方式发生转变，带来产业结构的调整与优化，从而使污染减少，环境禀赋增强（Grossman，1991）。如技术进步使区域产业结构从化工、钢铁等污染密集型产业转向电子信息等污染较少的产业即属此类。

贸易影响环境禀赋的作用机制表现为对不同发展程度的国家，其改变环境禀赋的性质不同。从发达国家角度分析，科普兰和泰勒（Copeland and Taylor，1995）认为，为了保护国内环境、节省国内资源，发达国家会将污染密集型产业转移到发展中国家，然后再根据比较优势原理，通过国际贸易方式从发展中国家进口污染密集型产品，从而达到在本国抑制把污染要素当作红利进行生产的经济行为，故贸易会促使发达国家环境禀赋增强。从发展中国家视角分析，由于发展中国家技术水平相对较低，产业结构落后，其在国际贸易过程中污染密集型产品具有比较优势，而非污染产品则不具比较优势。于是，发展中国家与发达国家发生贸易的结果是，发展中国家污染密集型产品会源源不断地流向发达国家，从而导致发展中国家污染密集型产品生产增加，而污染密集型产品的生产会导致污染大量排放，使得发展中国家环境禀赋急剧减弱（黄蕙，2001）。故从贸易角度分析，贸易会使发达国家污染排放减轻，环境禀赋增强，却使发展中国家污染排放增加，环境禀赋降低。

然而，由于大气、水、土壤等自然环境有一定的污染自净能力，部分污染会被自然环境吸收（Perman，2002），因此，从环境自净视角分析，当其他条件相同时，环境生态较强的地区比生态脆弱地区具有较高的环境禀赋。故除了生产、贸易与技术会影响环境禀赋状况以外，环境自净能力也是影响环境禀赋的重要因素。当然，如果污染持续增加，超过了环境自净能力，此时，不管原来环境禀赋状况如何，污染会随着生产的增加而迅速增加，此时的环境自净能力对区域环境禀赋的影响不再存在。

上述分析表明，从环境禀赋形成机理视角分析，生产、贸易与技术均会影响区域环境禀赋，由于区域环境禀赋会影响污染红利（Sibert，1974），故污染红利的形成也受到生产、贸易与技术发展制约。由此，我们有以下 3 个假设：

H_1：污染红利受生产发展约束；

H_2：污染红利受技术进步约束；

H_3：污染红利受贸易发展约束。

显然，上述 3 个假设的形成是基于这样两条逻辑。第一，生产、技术与贸易会影响区域环境禀赋（该逻辑已于前面分析）；第二，区域环境禀赋会影响污染要素供给，即如果区域环境禀赋较高，意味着环境禀赋转化为污染红利的能力强；反之，如果环境禀赋低，意味着环境禀赋转化为污染红利的能力弱。然而，为什么有些环境禀赋较高的国家不把污染当作红利使用，而有些环境禀赋较弱的国家反而把污染当作红利使用呢？显然，第二条逻辑暗含了一个假定，即我们假定环境禀赋转化为污染红利的机制是一个自发产生过程而不受其他因素约束，故会出现环境禀赋高的地区存在污染红利，环境禀赋低的地区不存在污染红利。然而，环境禀赋转化为污染红利的机制并非由自发机制驱使，而是会受到经济发展阶段制约。鉴此，我们决定对不同经济发展阶段的环境禀赋转化机制进行探究。

（二）环境禀赋转化为污染红利的约束机制

科普兰（Copeland，1994）指出，由于每个国家经济发展状况与污染状况不同，其国内公民对环境质量的需求标准也不相同，从而形成了不同的环境标准和环境政策。这些不同的环境标准与政策反映了各个国家对污染红利的不同忍耐程度。故一个地区要形成环境比较优势，不仅要考虑该地区环境禀赋状况，还要考虑该地区对环境禀赋的需求。当某地区对环境质量的需求较低时，该地区会倾向于产生污染红利；当某地区需求高质量的环境时，该地区会抑制污染红利。为了全面分析不同经济发展阶段各经济主体对环境质量的需求特点，本书有关环境需求机制的分析沿着个人、企业、政府的逻辑进路展开。

从个人角度分析，污染红利的形成取决于居民收入对环境质量的需求弹性。如果收入对环境需求的弹性较大，则当居民收入增加时，人们对环境质量的需求会迅速增强，污染被当作红利使用的经济行为会受到人们的制约；如果收入对环境质量的需求弹性较小，当收入增加时，污染被当作红利使用的经济行为受到的制约相对较弱（McConnell，1997）。潘纳约托（Panayotou，1997）发现，高收入时的环境需求收入弹性大于低收入时的环境需求收入弹性，故收入水平越高，人类对环境质量的需求越迫切。就经济不发达地区而言，由于人均收入水平较低，人们关注的焦点是如何摆脱贫困和获得快速的经济增长，加上初期的环境污染程度较低，环境吸污能力相对较强，此时人们对环境服务的需求不高，环境服务仍然被视为奢侈品，故人们对把污染当作红利使用的经济行为容忍度较高（Panayotou，1997）。随着国民收入提高，产业结构变化，人们的消费结构也随之变化，人们自发产生对“优美环境”的需求，从而会主动采取环境友好措施，逐步减缓乃至消除把污染当作红利使用的经济行为（Panayotou，1997）。

从企业视角分析，污染红利的形成与企业的发展阶段相关。当一国经济从以农耕为主向以工业为主转变时，随着工业化步伐加快，企业对环境要素的需求越来越多，环境消耗速率开始超过其再生速率，由于环境生产要素被过度使用，故环境质量急剧下降；[①] 当经济发展到更高水平时，由于产业结构升级，能源密集型为主的重工业向服务业和技术密集型产业转移，企业对

① 此处有必要比较环境质量需求与环境要素需求的区别。就环境质量需求而言，如果居民环境质量需求高，则其会抑制企业对环境要素的需求，最终会提高区域环境禀赋；反之，如果居民环境质量需求低，则其对企业环境要素需求的容忍度相对较高，最终会降低区域环境禀赋。就环境要素需求而言，如果企业环境要素需求高，则其会降低区域环境禀赋，抑制居民对环境质量的需求；反之，如果企业环境要素需求低，则其会增强区域环境禀赋，有利于提高居民对环境质量的需求。因此，环境质量需求与环境要素需求呈互逆关系，即高环境质量需求会导致低环境要素需求；高环境要素需求会导致低环境质量需求。

环境要素的需求开始减少，这就是环境要素使用的结构效应（Grossman，1995）。这一阶段的经济发展将不再过于依赖资源的开采与能源品的消耗，而是技术革新、生产率提高以及管理、组织形式创新，从而大大缓解了工业对环境生产要素的需求（Kristrom，2000），污染被当作红利使用的生产方式逐渐减少；而到了服务业为主的经济发展阶段以后，由于服务业对环境生产要素的需求更少，故污染被当作红利使用的生产方式被彻底抑制（Grossman，1995）。

就政府视角而言，在经济发展的初级阶段，为了解决发展问题，政府会尽力为各主体（特别是企业）创造发展的条件，甚至是一些优惠条件，于是该时期政府对企业环境污染的规制约束相对较小（Torras，1998），企业因而获得了污染这种廉价的生产要素。当经济增长进入较高阶段以后，随着居民对环境质量的要求越来越高，政府开始采取各种措施加强对环境的管理，如加强立法、加大排污征税力度，加强对污染严重企业的规制、制定绿色标准等，企业在遇到了外界的一系列信号后，开始调整自己的行为，如购买治污设备、淘汰产能落后的机器、进行科技创新等（Torras，1998），故污染被当作红利使用的生产方式受到抑制。

上述分析表明，从环境禀赋转化为污染红利所受约束条件分析，污染红利的形成具有以下特点：在产业结构升级的初级阶段，随着工业化步伐加快，企业对环境要素的需求较大，故污染要素会被过度使用，从而使得污染被当作红利使用的生产方式出现；此阶段的人们由于收入较低而能容忍把污染当作红利使用的经济行为；而政府为了解决发展问题，其对企业的环境规制相对较弱，污染红利由此形成。随着产业结构升级到高级阶段，企业对环境要素需求开始减少，个人因收入提高而对环境质量的需求增强，政府为了顺应这一潮流，会对把污染当作红利使用的经济行为进行抑制，于是，污染红利逐渐消失。由此，我们有以下 3 个假设：

H_4：污染红利受收入水平约束；

H_5：污染红利受产业结构约束；

H_6：污染红利受政府作用约束。

上述分析表明：环境禀赋转化为污染红利的逻辑机理如图 3－1 所示。

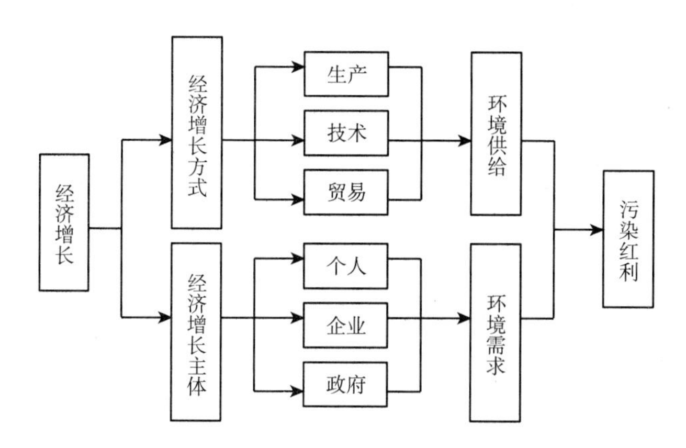

图 3-1　环境禀赋转化为污染红利的逻辑机理

污染红利的供给机制实际上是对污染红利源的影响，而污染红利的需求机制则是对污染红利传导机制的影响。污染红利供给机制主要是影响环境禀赋，而环境禀赋转化为环境红利的机制则会被假定为不受人为影响的一个自然过程。当环境禀赋较高时，其转化为污染红利的潜能较强；当环境禀赋较低时，其转化为污染红利的潜能较弱。污染红利的需求机制实际上反映的是对前面假设的放宽，也就是环境禀赋转化为污染红利的过程不是一个自发过程，它受到人类的制约，而人类的制约特征则受到经济发展阶段的约束。故归根结底，环境禀赋转化为污染红利的形成受到经济增长的约束。见图 3-2。

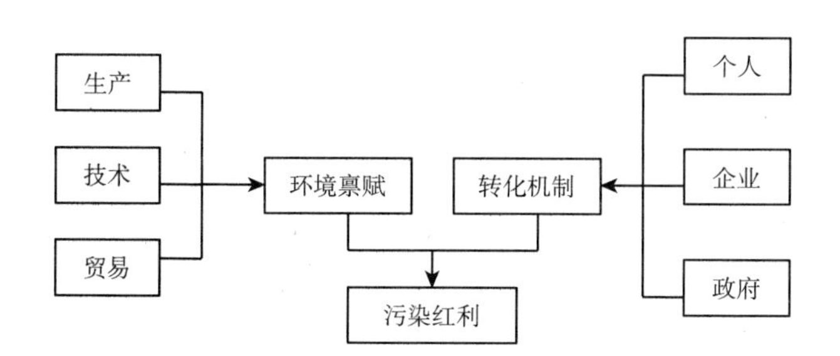

图 3-2　环境禀赋转化为污染红利的约束条件

在上述 6 个待求证的假设中，H_1 与 H_4 可以合并为一个假设。首先，H_1 被表述为“污染红利受生产发展约束”，H_4 被表述为“污染红利受收入水平约束”，显然，如果生产发展程度越高、规模越大，则平均收入水平也越高，故生产发展与平均收入水平具有很强的正相关关系。如果将两个变量同时放入计量模型，会出现变量相关，使计量结果不准确。其次，部分学者在计量研究中甚至直接用人均收入水平表征生产发展程度（Grossman and Krueger，1991；Panayotou，1997），故生产发展与平均收入在计量中可以相互替代。鉴于此，本书决定将 H_1 与 H_4 合并为一个假设 H_4。于是，本研究只需证明 H_2、H_3、H_4、H_5、H_6 五个假设的正确性。

二、基于我国经验数据的实证研究

（一）变量选取、数据来源与模型设定

1. 变量选取

前面的分析表明，由于生产与平均收入相关性很大，故我们的实证分析主要检验污染红利是否受到人均 GDP、对外贸易、技术投入、结构效应与政府作用 5 个变量的约束（见表 3－1）。

表 3－1　各计量指标名称、单位及表示符号

序号	计量指标	单位	本书采用记号
1	废气排放总量	万吨	GAS
2	人均收入	万元	GDP
3	对外贸易（外贸出口）	万元	TRA
4	技术投入	万元	TECH
5	结构效应	万元/人	STR
6	政府作用	万元	GOV

（1）污染红利。对于污染红利指标的选取，文章参照莫赫塔迪（Mohtadi，1996）的标准，用我国历年废气污染排放总量对之进行表征，用符号 GAS 表示。

（2）人均收入。本书人均收入指标用人均实际 GDP 表示。研究以 1985

年实际价格为基期，用各年人均名义 GDP 剔除价格因素后得到人均实际 GDP。实际 GDP 计算公式为：实际 GDP = 名义 GDP/价格指数。

（3）对外贸易。本书对外贸易用历年实际外贸出口量表示。研究以 1985 年实际价格为基期，利用名义出口贸易量剔除价格因素后得到实际外贸出口总量。其计算公式为：实际出口总量 = 名义出口总量值/价格指数。外贸出口总量用符号 TRA 表示。

（4）技术投入。本书技术投入用历年实际技术投资表示。研究以 1985 年实际价格为基期，利用名义技术投入剔除价格因素后得到实际技术投入总量。其计算公式为：实际技术投入 = 名义技术投入/价格指数。技术投入用符号 TECH 表示。

（5）结构效应。文章沿袭蔡昉和王德文（1997）的研究，用历年资本劳动比对其进行表征。即结构变化 = 年末物质资本存量/年末从业人员人数；物质资本存量采用永续盘存法，按照不变价格进行资本存量核算，核算公式为：$K_t = K_{t-1}(1 - C_t) + I_t$。其中，$K_t$为第 t 年按照不变价格计算的资本存量；$C_t$为第 t 年的折旧率；$I_t$为第 t 年按照不变价格计算的新增投资量（蔡昉、王德文，1997）[21]。结构效应用符号 STR 表示。

（6）政府作用。政府作用由历年政府实际污染治理投资表示。该指标也以 1985 年实际污染治理投资数量为基期，利用名义治理投资总量剔除价格因素后得到实际治理投资总量。其计算公式为：实际污染治理投资总量 = 名义污染治理投资总量/价格指数。政府作用由符号 GOV 表示。

2. 数据来源

文章废气污染红利数据与政府污染治理投资数据来源于历年《中国环境统计年鉴》与我国环保部门相关资料；人均收入、结构效应、外贸出口数据来源于 1986 ~ 2011 年《中国统计年鉴》。

3. 计量模型选取

为了分别衡量人均 GDP、外贸出口、技术投入、结构效应与政府效应对我国废气污染的不同影响，本书采用的实际计量模型为：

$$\ln GAS = \alpha_0 + \alpha_1 \ln GDP + \alpha_2 \ln TRA + \alpha_3 \ln TECH + \alpha_4 STR + \alpha_5 \ln GOV + \varepsilon \quad (3.1)$$

在实际估计中，根据估计结果的 D. W 统计值判断回归残差是否存在序列相关问题，并相应在估计方程中加入 AR 项，以消除模型的序列相关现象。本书采用逐步递减变量的方式进行回归。首先，将人均收入、技术投入、外贸出口、结构效应、政府作用等 5 个控制变量采取强迫回归形式进行回归分析。其次，根据统计显著性大小，将最不显著的因子剔除，再用余下回归因子进行回归分析，直到全部回归因子均显著为止。

（二）实证检验

1. 模型的总体估计结果

表 3 - 2 显示，方程（1）将 lnGDP、lnTECH、lnTRA、STR、lnGOV 全部作为回归因子置于模型右边进行回归，结果发现，lnTECH、lnGDP、lnTRA 三个变量的 T 统计量均不显著，尤以 lnTECH 为甚，其 T 统计量为 - 0. 003453，P 值为 0. 7547，于是剔除 lnTECH 后继续进行回归检验。方程（2）是在方程（1）的基础上剔除 lnTECH 后所进行的回归分析，表 3 - 2 显示，方程（2）的各项回归系数均在 5% 的统计范围内显著，故我们以方程（2）作为本书的最终回归结果。

2. 实证结果分析

表 3 - 2 显示，从废气污染红利视角分析，我国人均 GDP、外贸出口、结构效应与政府作用对污染红利形成有较大影响。

lnGDP 对 lnGAS 的影响为负，表示人均收入增加有利于废气排放的减少，说明我国人均收入增加有利于抑制把废气污染当作红利使用的经济行为。方程（2）表明，人均收入对废气污染回归系数的 T 统计量为 8. 463513，其 P 值为 0. 0000，在 1% 范围内显著。该发现与我们的理论分析是一致的，即人均收入变化会引致污染红利变化。方程（2）显示，人均收入增加会导致污染红利减少，说明我国人均收入增加会抑制废气污染红利。潘纳约托（Panayotou，1997）指出，随着居民人均收入增长，其对环境质量的要求也随之提高，他们有较高的意愿购买严格环境标准下生产的产品，这会抑制把污染当作红利使用的经济行为。本书有关我国人均收入与废气污染红利的回归结果与潘纳约托（Panayotou，1997）的研究结论相符。

表 3-2　以废气红利为被解释变量的 OLS 回归

变量	方程（1）			方程（2）		
	系数	T 统计量	P 值	系数	T 统计量	P 值
C	2. 830216	7. 807102	0. 0000	2. 802249	8. 463513	0. 0000
lnGDP	-0. 254226	-1. 423940	0. 1749	-0. 295670	-2. 458910	0. 0257
lnTRA	0. 000353	1. 869902	0. 0811	0. 000381	2. 453714	0. 0260
lnTECH	-0. 003453	-0. 318220	0. 7547			
STR	1. 273200	3. 034852	0. 0084	1. 309981	3. 349787	0. 0041
lnGOV	-2. 833526	-1. 720056	0. 1060	-2. 996540	-2. 036791	0. 0486
AR（1）	0. 148359	0. 540180	0. 5970	0. 177880	-0. 68696	0. 5019
总体回归结果检验	（R-squ.）	0. 987230		（R-squ.）	0. 987148	
	（Ad. R-squ.）	0. 982122		（Ad. R-squ.）	0. 983132	
	（F-sta.）	193. 2718		（F-sta.）	245. 7856	
	（D. W-sta.）	2. 029205		（DW-sta.）	2. 031521	

lnTRA 对 lnGAS 的回归符号为正，表示我国外贸出口增长会增加废气排放，说明我国外贸出口增加会强化把污染当作红利使用的经济行为。方程（2）显示，外贸出口对废气污染回归系数的 T 统计量为 2. 453714，其 P 值为 0. 0260，该 P 值在 5% 范围显著，. 故我国外贸出口是影响废气污染红利的重要解释变量，该结论同样与我们的理论分析相符。前文分析表明，由于发达国家为了保护国内环境、会将污染密集型产业转移至发展中国家，从而达到在本国抑制把污染要素当作红利进行生产的经济行为；由于发展中国家技术水平相对较低，产业结构落后，其在国际贸易过程中污染密集型产品具有比较优势，为了求得贸易平衡或贸易盈余，发展中国家被迫将污染当作红利使用而大量生产污染密集型产品。《中国统计年鉴》显示，我国的主要出口商品为机电、纺织服装、塑料制品、农副产品、鞋类、家具等行业产品，这些产品主要属于污染密集型产品①。因此，

① 根据污染密集型产业划分标准，污染密集型产业可分为重污染密集产业、中度污染密集产业和轻污染密集产业。重污染密集产业包括：电力、煤气及水的生产供应业、采掘业、造纸及纸品业、水泥制造业、非金属矿物制造业、黑金属冶炼及压延工业、化工原料及化学品制造业。中度污染密集产业包括：有色金属冶炼及压延工业、化学纤维制造业。轻污染密集产业包括：食品、烟草及饮料制造业、医药制造业、石油加工及炼焦业、纺织业、皮革、毛皮、羽绒及制品业、橡胶制品业、金属制品业、印刷业记录媒介的复制、机械、电器、电子设备制造业、塑料制品业等（赵细康，2003）。

我国外贸增加实际上是利用了污染红利而增加了产品出口，说明目前我国经济发展还是处于发展中阶段，没有步入发达阶段。

STR 对 lnGAS 的回归符号为正，表示结构效应会增加废气排放，说明我国经济结构发展强化了把污染当作红利使用的经济行为。方程（2）表明，结构效应对废气污染回归系数的 T 统计量为 3.349787，其 P 值为 0.0041，该 P 值在 1% 范围显著，故结构效应是影响废气污染红利的重要解释变量，这证实了本书前面的理论分析。格罗斯曼和克鲁格（Grossman and Krueger, 1995）认为，结构效应表现为不同发展阶段对环境影响的方式不同，当劳动力与资源密集型产业占主导地位时，经济增长对环境造成污染的主要方式是破坏自然资源；当重工业与石化工业占主导地位时，经济增长会导致废气、废水、固体废物排放大量增加；只有当高新技术产业与服务业占主导地位时，经济发展对环境保护才是有利的。2009 年《中国统计年鉴》显示，目前我国的主要工业产业为纺织业、通用设备制造业、机械及器材制造业、化学纤维制造业、纺织服装鞋帽业、塑料制品业、皮革毛皮羽毛（绒）及其制品业等，这些产业主要是污染密集型产业。这表明目前我国产业结构还处于污染密集型产业为主的发展阶段，该阶段由于利用了污染红利，故表征结构效应的资本劳动比增加会导致废气污染增加。

lnGOV 对 lnGAS 的回归符号为负，说明我国政府作用有利于抑制把污染当作红利使用的经济行为。方程（2）表明，污染治理投资对废气污染回归系数的 T 统计量为 -2.036791，其 P 值为 0.0486，在 5% 范围显著，故我国政府作用是影响废气污染红利的重要解释变量。当格罗斯曼（Grossman, 1991）发现了环境污染与人均收入之间呈现倒 U 型关系后，社会上曾出现了一个不谨慎的政策建议，该建议认为，由于人均收入提高最终会带来干净的环境，故经济增长可以当作治理环境问题的疗方；人们应该更多地关注经济增长，所谓环境问题只是一个过渡现象，这种现象最终会因经济的增长而由市场自发解决（Boyce, 1996）。对此，格罗斯曼（Grossman, 1996）经过研究后指出，“没有任何理由相信这会是一个自发的结果……有效的措施需要从市场自发调节转向政府规制”①。托拉斯（Torras, 1998）进一步指出，政

① Grossman G M, Krueger A B. The inverted-U: Whatdoes it mean? [J]. Ecological Economics, 1996 (1): 119-122.

府政策不仅可以改变环境库兹涅茨曲线的形状、使其变得更扁平或更尖陡，还可以使环境库兹涅茨曲线的拐点出现时期提前或推迟，故政府政策是抑制污染红利形成的重要工具。显然，本书的计量符合格罗斯曼（Grossman，1996）和托拉斯（Torras，1998）的研究结论。

值得注意的是，尽管本书把技术因子从回归模型中剔除，但方程（2）显示，lnTECH 对 lnGAS 的回归符号为负（尽管统计上不显著），表明技术发展对污染红利形成有一个负效应，说明我国的技术水平会抑制把污染当作红利使用的经济行为。

上述分析表明，我国人均 GDP、外贸出口、结构变化与政府作用均会影响污染红利形成。其中，我国人均收入增加与政府作用有利于抑制污染红利的形成；外贸出口与结构效应则促进了污染红利的形成；尽管技术投入在统计上不显著，但其倾向于抑制污染红利的形成。

三、结论与政策含义

为了探究污染红利的形成，本节对环境禀赋形成机制与环境禀赋转化为污染红利的约束机制进行了探究。结果表明：①从环境禀赋形成机制视角分析：首先，当区域环境禀赋较高时，其转化为污染红利的潜能相对较强，由于环境禀赋受生产、贸易与技术因素制约，故污染红利也会受生产、贸易与技术制约。②从环境禀赋转化为污染红利的约束机制视角分析，在经济发展的低级阶段，企业对环境要素的需求较大，故污染要素有被过度使用的可能；由于此阶段的人们对环境质量的需求相对较低，人们能容忍把污染当作红利使用的经济行为，而政府为了解决发展问题，其对企业环境污染规制也相对较弱，故污染红利就产生了。随着经济发展，企业对环境要素的需求开始减少，个人对环境质量的需求开始增强，故政府会对把污染当作红利使用的经济行为进行抑制，于是，污染红利开始逐渐消失。

本书的回归结果与上述研究成果总体相符。首先，我国人均收入增加与政府作用有利于抑制污染红利的形成。其次，外贸出口与结构效应则促进了污染红利的形成，这是由于目前我国工业产业主要是污染密集型产业，故我国外贸增加实际上是利用了污染红利而增加了产品出口，其资本劳动比增加实际上是增大了污染密集型产业规模，因此，外贸出口增加与结构效应均促进了污染红利形成。最后，尽管技术投入在统计上不显著，但其倾向于抑制污染红利形成。

本研究结论的政策含义是：首先，应加大对污染密集型产业的抑制力度。我们的研究显示，由于我国工业产业主要是污染密集型产业，故其外贸出口增加与表征结构效应的资本劳动比增加均促进了污染红利的形成。因此，为了彻底抑制污染红利，应加大对污染密集型产业的抑制力度。其次，鉴于人均收入增加对污染红利具有抑制作用，故明智的污染红利规制措施不仅在于政府治理资金的投入，更应重视居民收入提高。

第二节　地方政府竞争与污染红利的形成

从 1980 年开始实行的财政包干体制到 1994 年推行的分税制财政体制可以看出，中国财政分权是“自上而下”的竞争主导型分权（张军，2007）。其显著特点是：①在政治上，中国财政分权伴随着垂直的政治管理体制，中央政府掌握着对地方政府官员的政绩考核与职位晋升的权威。②在财政上，中国财政分权使得地方政府拥有本辖区内的实际权威并与中央政府分享税收收入。中国财政分权的上述特点为地方政府发展本辖区内经济的积极性提供了政治上与经济上的双重激励。

在政治上，为了激励地方政府富有成效地开展工作，中央政府可以用相应的指标来考察地方政府官员的工作绩效，并以此作为后者职位晋升的标准。由于经济增长相对易于衡量，其发展也符合改革开放后广大人民群众的意愿，故经济增长指标自然成为中央衡量地方政府绩效的关键性指标（刘卓珺，2009），这为地方政府在经济发展中的积极作为提供了政治利益上的激励。在经济上，由于中国财政分权使得地方政府能与中央政府分享本辖区内的税收收入，这为地方政府在经济发展中的积极作为提供了经济利益上的激励（Blanchard and Shleifer，2000）。于是，在财政分权背景之下，地方政府由于政治激励与经济激励的双重诱导，相互之间围绕经济增长指标而展开了激烈的竞争（张军等，2007；周业安等，2008；张璟、沈坤荣，2008）。

为了确立竞争优势，地方政府不得不关注企业对生产要素的需求，并以此为依据不断调整政策以帮助企业争夺生产要素，污染要素也成了地方政府帮助企业争夺的众多生产要素之一，从而使得我国的污染要素相对廉价而被众多企业当作红利使用。然而，我国地方政府竞争引致污染红利的机理何在？我国地方政府竞争是否真正引致了污染红利？显然，学界对此问题的探寻相对不够，有待后续研究对之进行补充与完善。

本节结构安排如下。第一部分为地方政府竞争引致污染红利的逻辑进路；第二部分为实证研究方法与数据检视；第三部分为实证结果分析；第四部分则给出研究的结论。

一、地方政府竞争引致污染红利的逻辑进路

（一）地方政府竞争与污染规制

本书首先用博弈论来探讨地方政府竞争与环境污染规制的关系。为此，笔者构建了完全信息条件下的地方政府博弈与不完全信息条件下的地方政府博弈两种类型。

1. 完全信息条件下的博弈模型

为了分析两政府环境污染规制的博弈状况，我们做以下假设：假设参与政府分别为 A、B，对于环境污染，双方均可选择严格规制和不严格规制。双方的收益矩阵如表 3－3 所示。

表 3－3　　完全信息条件下的政府污染规制

B \ A	严格规制	不严格规制
严格规制	$(R_B - W_B, R_A - W_A)$	$(R_B - W_B, R_A)$
不严格规制	$(R_B, R_A - W_A)$	(0,0)

在表 3－3 中，W_i为参与者 i 对环境污染实行严格规制所失去的收益，R_i为参与者 i 对环境污染不实行严格规制所得到的收益；假定 R_i大于 W_i，否则，参与者总会对污染实行严格规制，这会使讨论失去意义。容易得出此博

弈不存在纯战略纳什均衡，但存在混合战略纳什均衡。

假定参与者 i 对污染实行严格规制的概率为 P_i，则其对污染不实行严格规制的概率为 $1-P_i$。给定参与者 A 对污染实行严格规制的概率为 P_A，参与者 B 对污染实行严格规制（$P_B=1$）与不严格规制（$P_B=0$）所获得的期望收益分别为：

$$R_B(1,P_A)=(R_B-W_B)P_A+(R_B-W_B)(1-P_A)=R_B-W_B$$
$$R_B(0,P_A)=R_BP_A$$

当混合策略均衡时，有 $R_B(1,P_A)=R_B(0,P_A)$

解得：
$$P_A=(R_B-W_B)/R_B \tag{3.2}$$

式（3.2）表明，当 A 对污染实行严格规制的概率小于（R_B-W_B）/R_B 时，B 会对污染不实行严格规制以获得最大收益，只有当 A 对污染实行严格规制的概率大于（R_B-W_B）/R_B时，B 才会对污染实行严格规制。由此可以得出，双方有关污染规制的博弈形成了两个稳态均衡，要么都对污染实行严格规制，要么都不对污染实行严格规制。由于政府对污染不实行严格规制会获取收益，而实行严格规制会失去收益，因此，双方往往选择都不实行严格规制的纳什均衡。

基于对称性，对于 A 的分析同理得出。

2. 不完全信息条件下的博弈模型

同样分析两个政府参与博弈的情况，假设参与者为 A、B，对于污染规制，均可选择严格规制和不严格规制。在不完全信息条件下，由于参与者不完全了解对方信息，i 政府对环境污染规制的严格程度只有 i 自己知道，j 不知道。为此，我们引入一个新变量 μ_i，表示 i 对 j 环境规制的了解程度折算到 i 的附加成本。双方的收益矩阵如表 3－4 所示。

表 3－4　不完全信息条件下的政府污染规制

B \ A	严格规制	不严格规制
严格规制	($R_B-W_B-\mu_B$, $R_A-W_A-\mu_A$)	($R_B-W_B-\mu_B$, R_A)
不严格规制	(R_B, $R_A-W_A-\mu_A$)	(0, 0)

假定 j 知道 μ 的分布情况，我们设 μ_i 是服从（0，ε）、密度函数为 $f(x)$ 的随机变量，并且 μ_A 和 μ_B 相互独立。显然，ε 反映了一方对另一方信息的了解程度，当了解的信息越多时，ε 越小。

假定参与者 i 对污染进行严格规制的概率为 P_i，则其对污染不进行严格规制的概率为 $1-P_i$。给定参与者 A 对污染进行严格规制的概率为 P_A，参与者 B 对污染进行严格规制与不进行严格规制所获得的期望收益分别为：

$$R_B(1-P_A)=(R_B-W_B-\mu_B)P_A+(R_B-W_B-\mu_B)(1-P_A)$$
$$=R_B-W_B-\mu_B$$
$$R_B(0,P_A)=R_BP_A$$

当混合策略均衡时，有 $R_B(1,P_A)=R_B(0,P_A)$

解得：
$$P_A^*=(R_B-W_B-\mu_B)/R_B \tag{3.3}$$

基于对称性，可解得：$P_B^*=(R_A-W_A-\mu_A)/R_A$

对于两个政府而言，由于相互之间存在竞争性与排他性，故相互之间信息了解很少，使得 ε 值很大，导致折算到参与方的附加成本 μ_i 也很大。根据式（3.3），由于 μ_i 很大，使得 P_A^* 很小，P_B^* 也很小，即双方在很大程度上都倾向于对污染不进行严格规制。

上述分析表明：不管是在完全信息条件下，还是在不完全信息条件下，由于政府私利的存在，地方政府均倾向于对污染不进行严格规制，从而导致了政府污染规制乏力。

（二）污染规制与污染红利

1. 污染红利曲线

为了探究污染规制引致污染红利形成的机理，本书先探究污染红利曲线的形成。假设 A 政府与 B 政府互为竞争对手，至于二者的生产要素使用选择，为了研究方便，本书假定两家政府均以污染作为支持企业的唯一生产要素。当 A 政府认为 B 政府辖区内的企业使用了 Q_1 数量的污染要素时，如果 A 觉得 Q_1 数量不大，A 就会得出 B 政府经济增长相对较小这个结论，A 会缺乏动力去允许企业使用更多污染要素，故 A 不会干扰本辖区内的污染要素价格。在这种情况下，A 政府辖区内企业污染要素的供给曲线由 S_1 表示。当 A

政府现在认为 B 政府辖区内企业使用了 Q_2 数量的污染要素（其中，$Q_2 > Q_1$）时，如果没有竞争效应，则 A 政府辖区内企业所购买的污染要素价格应为 P_0；如果存在竞争效应，A 政府为了减少辖区内企业的污染要素成本而增强其竞争力，于是 A 会将其辖区内的污染要素价格由 P_0 下降为 P_2，使得其辖区内企业的污染要素供给曲线变为 S_2，S_2 在 S_1 右边。与此类推，在存在地方政府竞争效应的情况下：当污染要素使用量为 Q_3 时，A 政府辖区内企业的污染要素供给曲线为 S_3；当污染要素使用量为 Q_4 时，其污染要素供给曲线为 S_4。通过连接对应于数量 Q_1、Q_2、Q_3、Q_4 的 S_1、S_2、S_3、S_4 曲线上的点就可以确定 A 政府辖区内企业的污染红利曲线 S_A。显然，相对于 A 政府原来的污染要素供给曲线 S_1 而言，其污染红利曲线 S_A 较为平坦。见图 3-3。

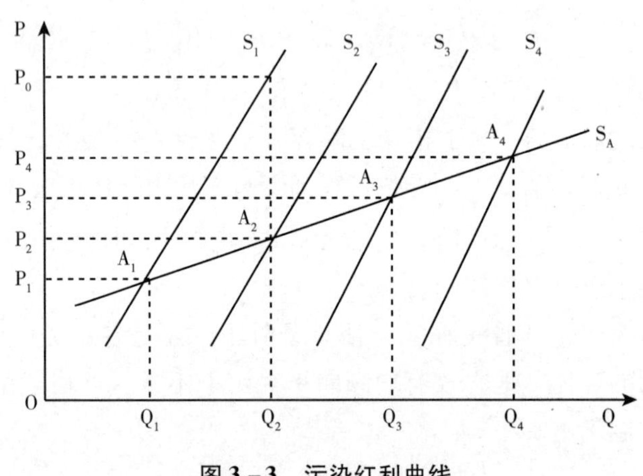

图 3-3　污染红利曲线

2. 政府污染规制对企业污染红利的影响

首先，当政府规制力度较强时，图 3-4 显示，A 政府辖区内企业对污染要素的市场供给曲线为 S_1，故这些企业使用污染要素的价格会沿着 S_1 曲线变化。当污染要素使用量为 Q_1 时，A 政府辖区内企业会选择在 A_1 点生产，其污染要素价格为 P_1；当污染要素使用数量增加到 Q_2 时，由于政府规制较强，这些企业会选择在 A_0 点生产，其污染要素价格会上升到 P_0。故企业污染要素使用数量从 Q_1 增加至 Q_2，污染要素价格从 P_1 上升到了 P_0，上升的数量为 P_1P_0。

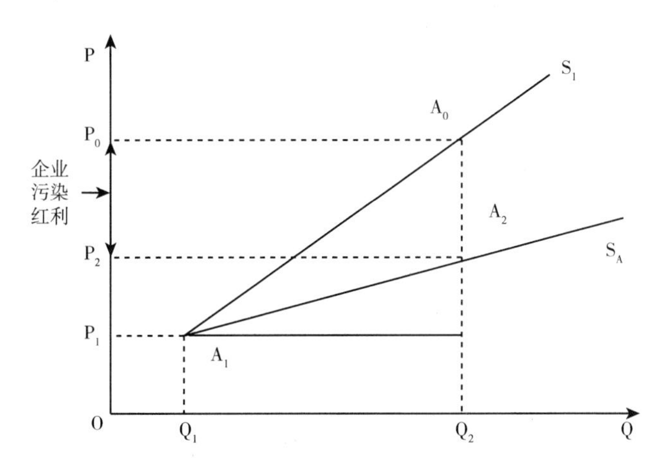

图 3－4　污染规制与企业污染红利

其次，当政府规制乏力时，A 政府辖区内企业对污染要素的市场供给曲线由 S_1 变成了 S_A，故 A 政府对污染要素的供给会沿着污染红利曲线 S_A 而变化。从图 3－4 可以看到，当企业污染要素使用数量为 Q_1 时，A 政府辖区内企业会选择在 A_1 点生产，其污染要素价格为 P_1；当污染要素使用数量增加到 Q_2 时，此时 A 政府辖区内企业会选择在 A_2 点生产，其污染要素价格上升到 P_2，故上升的数量仅为 P_1P_2。很显然，P_1P_0 由 P_1P_2 和 P_2P_0 两段组成，其中 P_1P_0 为政府规制力较强时企业购买一定污染要素增量所付出的成本上升量，而 P_1P_2 则表示政府规制乏力时企业购买相同污染要素增量所付出的成本上升量，显然，P_1P_0 与 P_1P_2 之差即 P_2P_0 即为企业所得到的污染红利。

3. 政府污染规制对地区污染红利的影响

如图 3－5 所示，我们假设 S_{A1} 为政府规制较强时的企业污染要素供给曲线，S_{A2} 为政府规制乏力时的企业污染要素供给曲线，即污染红利曲线；假设 S_{B1} 为政府规制较强时的地区污染要素供给曲线，它由政府规制较强时的企业污染要素供给曲线横向加总而成，S_{B2} 为政府规制乏力时的地区污染要素供给曲线，即地区污染红利曲线，它由政府规制乏力时的企业污染红利曲线横向加总而成。就企业污染红利视角考察，图 3－5 显示，当不存在政府竞争时，此时的政府环境污染规制力度较强，如果企业污染要素使用数量从 Q_1 增加到

Q_2，则其支付的污染要素价格上升量为线段 $P_{A1}P_{A3}$；当存在政府竞争时，此时的政府规制乏力，线段 $P_{A1}P_{A2}$ 为该企业所支付的污染要素价格的上升量。显然，污染要素价格的上升量 $P_{A1}P_{A3}$ 与 $P_{A1}P_{A2}$ 之差即 $P_{A2}P_{A3}$ 为因规制乏力而引致的企业污染红利。

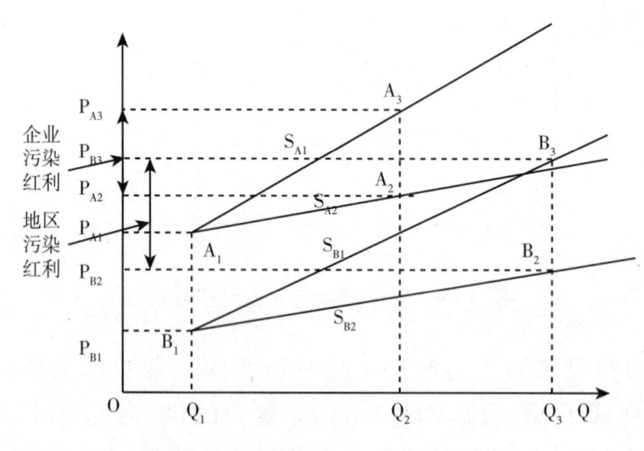

图 3－5　污染规制与地区污染红利

就地区污染红利而言，图 3－5 显示，如果企业污染要素使用数量从 Q_1 增加到 Q_2，由于地区污染要素使用数量是众多企业污染要素使用数量的横向加总，故地区污染要素的使用数量应大于 Q_2，我们假设其为 Q_3。当政府规制较强时，此时地区污染要素供给曲线为 S_{B1}，显然，如果地区污染要素使用数量从 Q_1 增加到 Q_3，则该区域支付的污染要素价格上升量为线段 $P_{B1}P_{B3}$；当规制乏力时，此时地区污染要素供给曲线为污染红利曲线 S_{B2}，如果地区污染要素使用数量从 Q_1 增加到 Q_3，此时该区域所支付的污染要素价格从 P_{B1} 增加到 P_{B2}，显然，$P_{B1}P_{B2}$ 因竞争效应而比 $P_{B1}P_{B3}$ 减少了 $P_{B2}P_{B3}$，$P_{B2}P_{B3}$ 即为规制乏力效应所引致的地区污染红利。由于地区污染要素使用数量是企业污染要素使用数量加总而成，故地区污染红利亦由企业污染红利加总而成，从图 3－5 可以发现，地区污染红利 $P_{B2}P_{B3}$ 要大于企业污染红利 $P_{A2}P_{A3}$。可见，由规制乏力效应所带来的企业污染红利增长会更大幅度地促进地区污染红利增加。

上述分析表明：相对于一般污染要素供给曲线而言，污染红利曲线较为平坦。因此，当政府污染规制乏力时，企业污染红利就会出现；由于地区污染红利由企业污染红利加总而成，故由规制乏力效应所带来的企业污染红利增长会更大幅度地促进地区污染红利增加。

二、实证研究方法与变量选取

（一）实证研究方法

本书采用以下计量模型来度量地方政府竞争对污染红利的影响。

$$\mathrm{Log}(e_{i,t}) = \alpha_i + \beta COMPE + \omega X_{i,t} + \varepsilon_{i,t} \tag{3.4}$$

其中，$e_{i,t}$表示污染红利，i 表示各个省份，t 表示年度；$X_{i,t}$表示决定污染红利的其他控制变量；COMPE 表示地方政府竞争指标。本书使用了我国 30 个省（区、市）的面板数据，其时间跨度为 2001 ~2011 年。

（二）变量选取

前面给出了实证分析的基本方程，在具体分析中我们一方面要考虑地方政府竞争的变量设计，另一方面也要考虑控制变量的影响。综合已有研究，我们把解释变量、被解释变量与控制变量分别作以下设计：

1. 被解释变量

本书采用工业废气污染红利来对污染红利进行表征，用符号 DGAS 表示。关于工业废气污染红利的大小，本书采用以下三个步骤来对之进行计算：

首先，估算工业废气排放物的虚拟治理成本（用 $\sum CGAS$ 表示）[①]。工业废气的虚拟治理成本为二氧化硫的虚拟治理成本（用 CSO_2 表示）、烟尘虚拟治理成本（用 CSMOK 表示）、粉尘虚拟治理成本（用 CSOLID 表示）三项污染物虚拟治理成本的总和，即：

$$\sum CGAS = CSO_2 + CSMOK + CSOLID \tag{3.5}$$

CSO_2 = 燃烧过程 SO_2 的排放量 × 单位 SO_2 治理成本 × SO_2 虚拟去除率

① 虚拟治理成本是指目前排放到环境中的污染物按照现行的治理技术和水平全部治理所需要的支出。

$$+ 工艺过程 SO_2 排放量 \times 单位 SO_2 治理成本 \times SO_2 虚拟去除率$$

$$CSMOK = SMOK 排放量 \times 单位 SMOK 治理成本 \times 虚拟去除率$$

$$CSOLID = SOLID 排放量 \times 单位 SOLID 治理成本 \times 虚拟去除率$$

其次，计算废气污染物的实际治理成本 $\sum SGAS$。废气污染物的实际治理成本可由历年《中国环境统计年鉴》直接获得，无须计算。

最后，上述两个步骤完成后，我们就能计算出废气污染红利的大小，即：

$$DGAS = \sum CGAS - \sum SGAS \tag{3.6}$$

2. 解释变量

本书的解释变量为地方政府竞争指标。关于该指标的选取，本研究参照赵会玉（2009）的选择标准，把地方政府竞争分解为财政收入竞争（用符号 FISC 表示）、吸引外商直接投资的竞争（用符号 FDI 表示）、金融竞争（用符号 FINAN 表示）3 个度量指标。①

3. 控制变量的选取

根据污染红利概念，污染红利大小与区域污染物排放量具有正向关系，故本书认为影响污染物排放的因素也会影响污染红利大小。参照已有文献有关环境污染决定因素的研究，本书决定将人均收入（用符号 GDP 表示）、贸易开放度（用符号 OPEN 表示）、人口总量（用符号 POPU 表示）、上期废气

---

① 本书相关解释变量的特征：

1. 财政收入竞争指标。财政收入竞争指标采用预算内财政收入来进行分析（赵会玉，2009），用符号 FISC 表示。参见：赵会玉．地方地方政府竞争与经济增长：基于市级面板数据的实证检验［J］．制度经济学研究，2009（5）：25－42。

2. 外商直接投资竞争指标。现有统计中关于外商直接投资的指标包括签订合同数、协议利用外资和实际利用外资三个方面。由于进入当年政绩考核的协议利用外资能够反映出该地区招商引资的力度（赵会玉，2009），因此本书采用协议利用外资作为地方政府外商直接投资的替代指标。本书外商直接投资用符号 FDI 表示。参见：赵会玉．地方地方政府竞争与经济增长：基于市级面板数据的实证检验［J］．制度经济学研究，2009（5）：25－42。

3. 金融竞争指标。关于金融竞争指标的选取，文章选取各省银行的信贷额度对之进行表征（赵会玉，2009）。金融信贷指标用符号 FINAN 表示。参见：赵会玉．地方地方政府竞争与经济增长：基于市级面板数据的实证检验［J］．制度经济学研究，2009（5）：25－42。

污染（用 EXGAS 表示）作为本书实证研究的控制变量。[①]

（三）数据来源

本书计算污染红利的数据与上期废气污染数据均来源于《中国环境统计年鉴》；其他数据则来源于《中国统计年鉴》，并经计算、整理而得。由于样本中同时含有时间序列和截面数据，可能存在非线性和非平稳等计量问题，故本书对所有变量均采用了自然对数形式。表 3 -5 给出了所有变量的描述性统计结果。

---

① 本书使用相关控制变量的原因：

a. 人均收入。Grossman 和 Krueger（1995）认为，经济活动的规模越大，在其他条件相等的情况下，环境质量损坏（污染、资源消耗）的可能性也越大，因为不断增加的经济活动会导致资源消耗的上升与废物的产生。Shafik（1994）等认为，环境污染程度受人们对环境质量的需求水平约束，而人们对环境质量的需求则受其收入水平制约；当收入水平较低时，人们更加注意食物与其他物质需求而较少注意环境质量；在收入的较高阶段，人们才开始对高水平的环境质量产生需求。本书人均收入指标用 GDP 表示。参见：Grossman, G. M. & Krueger, A. B.. Economic Growth and the Environment [J]. The Quarterly Journal of Economics, 1995, 110（2）：353 -377；Shafik, N.. Economic Development and Environmental Quality: An Econometric Analysis [M]. Oxford Economic Papers, 1994（46）：757 -773。

b. 贸易开放度。Grossman 和 Krueger（1995）把贸易对环境的影响分解为规模效应、技术效应与混合效应。他们的研究表明：在经济活动的增长过程中，贸易的规模效应会促使环境污染增加；贸易的技术效应会促使环境污染减少；贸易的混合效应表现为贸易对环境污染的影响有正效应与负效应。Copeland 和 Taylor（1995）则认为，贸易影响环境污染的作用机制表现为对不同发展程度的国家，其改变环境禀赋的性质不同；贸易会使发达国家污染排放减轻，环境质量增强，却使发展中国家污染排放增加，环境质量降低（黄蕙萍，2001）。本书贸易开放度用历年实际外贸进出口总量表征，用符号 OPEN 表示。参见：Grossman, G. M. & Krueger, A. B.. Economic Growth and the Environment [J]. The Quarterly Journal of Economics, 1995, 110（2）：353 -377；CoPeland, B. P. North-South Trade and the Environment [J]. Quarterly Journal of Economics, 1994（5）：86 -108；黄蕙萍．环境要素禀赋和可持续性贸易 [J]. 武汉大学学报，2001（6）：668 -674。

c. 人口总量。Mcconnell（1997）认为，当人口数量较大时，其对资源需求就大，较大的资源需求会增加污染的排放，从而使环境污染增加。Newell 和 Marcus（1987）的实证研究发现，在 1958 ~1983 年间，世界人口总量与二氧化碳排放之间是近乎完全线性的正相关关系。然而，Holtz-Eakin（1995）的研究发现，人口总量对二氧化碳排放的影响较小，他们甚至还发现人口总量对环境质量有一个正的影响（即人口增长减少了污染排放）。本书人口总量用符号 POPU 表示。参见：K. McConnell. Income and the Demand for EnvironmentalQuality [J]. Environment and Development Economics, 1997（2）：383 -400；Newell, N. D. & Marcus, L.. Carbon Dioxide and People [J]. PALAIOS, 1987, 2（1）：101 -103；Holtz-Eakin, D. & Selden, T. M. Stoking the fires? CO_2 emissions and economicgrowth [J]. Journal of Public Economics, 1995, 57（1）：85 -101。

d. 上期废气排放指标。Kinda 和 Romuald（2010）认为，环境污染排放具有惯性，故上期的环境污染指标是目前环境污染指标的一个重要解释变量。文章有关上期废气指标用 EXGAS 表示。参见：Kinda, Romuald. Democratic institutions andenvironmental quality: effects andtransmission channels [DB/OL]. http://mpra. ub. unimuenchen. de/27455/MPRA Paper No. 27455, posted 14. December 2010/18：44。

表 3－5　　各变量的描述性统计

项目	DGAS	GDP	POPU	OPEN	FDI	FISC	FINAN
Mean	9632.130	9437.901	7217.147	192589.1	4739905	4459790	5479423
Median	6962.000	6676.500	5354.105	4277.500	868722	1585677	3373226
Maximum	50779.00	50779.00	39482.56	18001314	71777681	44439480	36498110
Minimum	502.0000	300.1300	340.6500	529.0000	1680.000	1534.000	14.72000
Std. Dev.	8180.205	8263.482	6749.616	1261006	10500976	7947638	6251965
Skewness	1.957161	1.944139	2.117745	11.34005	3.744282	2.953179	2.168267
Kurtosis	7.924321	7.814332	8.283564	151.7972	18.87189	11.88875	8.456172
Jarque-Bera	445.1721	430.8356	515.8735	254868.6	3464.950	1281.317	546.4726

注：除废气排放量、上期废气排放量、人口总量三项指标外，其他各项指标均用各年名义指标数据剔除价格因素后得到实际指标数据；本书各项指标的价格指数均以2001年实际价格为基期。

1. 污染红利用符号DGAS表示；数据来源于《中国环境统计年鉴》（2001～2011年）并经整理计算而得；单位为万元。

2. 财政收入指标用符号FISC表示；实际FISC＝名义FISC/价格指数；数据来源于《中国统计年鉴》（2001～2011年）；单位为万元。

3. 外商直接投资指标用符号FDI表示；实际FDI＝名义FDI/价格指数；数据来源于《中国统计年鉴》（2001～2011年）；单位为万元。

4. 金融信贷指标用符号FINAN表示；实际FINAN＝名义FINAN/价格指数；数据来源于《中国统计年鉴》（2001～2011年）；单位为万元。

5. 人均收入指标用符号GDP表示；实际GDP＝名义GDP/价格指数；数据来源于《中国统计年鉴》（2001～2012年）；单位为万元。

6. 贸易开放度指标用符号OPEN表示；实际OPEN＝名义OPEN/价格指数；数据来源于《中国统计年鉴》（2001～2011年）；单位为万元。

7. 人口总量指标用符号POPU表示；数据来源于《中国统计年鉴》（2001～2011年）；单位为万人。

8. 上期废气指标用符号EXGAS表示；数据来源于《中国环境统计年鉴》（2000～2011年）；单位为万吨。

三、实证结果分析[①]

（一）各变量对污染红利的影响

表3－6显示，由于方程（2）的各项回归系数均在5%的统计范围内显

① 由于本书研究不同省份在不同时间点上的政府竞争与污染红利之间的关系，牵涉到不同的横截面数据和时间序列数据，因而采取目前通行的面板数据模型较合适。为了确定是采用固定效应模型还是随机效应模型，文章用Hausman检验对之进行了判别。根据EViews6.0的统计结果，Chi-Sq. d.f的数值为7，相应的P值为0.00000，故本研究决定用固定效应模型进行实证检验。

著，故我们以方程（2）作为本书的最终回归结果。[①]

表 3-6　　全地区计量检验结果

变量 Variable	方程（1） equations（1）			方程（2） equations（2）		
	系数	T统计量	P值	系数	T统计量	P值
C	1.459190	4.935988	0.0000	1.619792	8.977214	0.0000
lnGDP	0.647803	20.908640	0.0000	0.661150	27.443430	0.0000
lnPOPU	0.131271	2.740522	0.0066	0.110672	2.968079	0.0033
lnOPEN	0.012224	0.686291	0.4932			
lnFDI	0.056716	2.860360	0.0046	0.055102	2.801889	0.0055
lnFISC	0.024392	4.093790	0.0001	0.025423	4.414228	0.0000
lnFINAN	0.034057	3.100949	0.0022	0.029257	3.459286	0.0006

1. FDI竞争对污染红利的影响

表3-6中方程（2）表明，lnFDI对lnDGAS回归系数的T统计量为2.801889，其P值为0.0055，在1%范围内显著，表明外商直接投资是污染红利的解释变量。同时，FDI每增加1%，污染红利便增加0.055102%，说明从外商直接投资视角分析，我国地方政府竞争会使污染红利增加。这一现象的出现可能缘于下述因素所致：从我国经济增长的源泉分析，外商直接投资一直是我国区域经济增长的重要动力，故地方政府相互之间围绕外商直接投资的流入而展开了激烈竞争（赵会玉，2011），由此导致我国的外商直接投资规模迅速扩大。然而，统计数据表明，流入中国的FDI超过七成进入了制造业领域，其中电气机械及器材制造业，交通运输设备制造业，化学原料及化学制品业等行业的FDI增长明显较快（王佳，2012），而这些行业属于

① 表3-6显示，方程（1）将lnGDP、lnOPEN、lnPOPU、lnEXGAS、lnFISC、lnFDI、lnFINAN全部作为回归因子置于模型右边进行回归，结果发现，lnOPEN对lnDGAS回归的T统计量为0.686291，P值为0.4932，于是剔除lnOPEN后继续进行回归检验。方程（2）是在方程（1）的基础上剔除lnOPEN后所进行的回归分析，表4显示，方程（2）的各项回归系数均在5%的统计范围内显著，故我们以方程（2）作为本书的最终回归结果。

污染密集型产业[①]，地方政府为了本辖区内的经济增长，不会对这些污染密集型产业采取较为严厉的规制措施，从而使得外商直接投资所购买的污染要素价格低于社会治理这些污染所应付出的成本，使得外商得到了污染红利，故外商直接投资增加引致了污染红利的增加。

2. 财政收入竞争对污染红利的影响

方程（2）表明，财政收入增加1%，污染红利便增加0.02543%，其T统计量为4.414228，P值为0.0000，显著性极强，表明对财政收入的竞争会导致污染红利增加。该现象之所以出现可能缘于下述逻辑：由于地方政府可控财政收入的高低不仅反映其治理能力的大小，还是其改善基础设施、促进经济发展的最直接渠道与目的，故地方政府相互之间围绕财政收入的高低而展开了激烈竞争。然而，地方政府财税收入的数量受其辖区内企业的竞争实力与企业所获利润的影响，而企业竞争实力与所获利润则受到企业生产要素成本的约束。于是，为了提高企业竞争实力，地方政府会千方百计为企业提供廉价的生产要素，污染要素自然也成了地方政府提供给企业的廉价生产要素之一，由此导致其辖区内环境规制相对宽松，从而导致了我国污染红利的增加。

3. 金融竞争对污染红利的影响

方程（2）显示，lnFINAN对lnD GAS的回归系数符号为正，且在1%范围内显著，表明金融竞争亦会导致污染红利增加。地方政府的金融竞争之所以会导致污染红利增加可能缘于下述因素使然：在我国金融市场领域，以银行为主体的间接金融占金融总量的主导地位，商业银行投融资在我国经济建设中起到至关重要的作用（林毅夫等，2008）。环境保护由于具有外部性，企业对环境保护的投入很难得到合意的利益，故企业倾向于投资盈利性较高的其他项目。银行资本为了追求高回报，会为企业高盈利性项目的投资提供

---

① 根据污染密集型产业划分标准，污染密集型产业可分为重污染密集产业、中度污染密集产业和轻污染密集产业。重污染密集产业包括：电力、煤气及水的生产供应业、采掘业、造纸及纸品业、水泥制造业、非金属矿物制造业、黑金属冶炼及压延工业、化工原料及化学品制造业。中度污染密集产业包括：有色金属冶炼及压延工业、化学纤维制造业。轻污染密集产业包括：食品、烟草及饮料制造业、医药制造业、石油加工及炼焦业、纺织业、皮革、毛皮、羽绒及制品业、橡胶制品业、金属制品业、印刷业记录媒介的复制、机械、电器、电子设备制造业、塑料制品业等（赵细康，2003）。

支持，这使得金融支持环保的“有效投资”占总投资的比例下降（李树生，2005），从而使得 $\sum$ SGAS 占总投资的比例下降，导致 DGAS 相对增大。对地方政府而言，由于其主要目的是促进企业竞争实力的提高，它也会支持金融机构向企业的盈利性行为融资，对金融机构的环保投融资缺失则较少约束，从而使得金融竞争带来了污染红利的增加。

（二）稳健性检验

1. 分地区回归结果分析

为了验证上述计量模型结果的稳定性，本书将我国分为东部、中部、西部三类地区，以此来分析地方政府竞争对污染红利的影响。表 3－7 显示，基于各项回归系数的统计显著性原因所致，我们分别以方程（4）、方程（6）、方程（8）作为东部、中部与西部地区的最终回归结果。①

表 3－7　　分地区计量检验结果

变量	东部		中部		西部	
	方程（3）	方程（4）	方程（5）	方程（6）	方程（7）	方程（8）
C	2. 162031	1. 981962	6. 480203	7. 057587	7. 760437	7. 996393
（T 统计量）	4. 077341	4. 265413	2. 875535	3. 138795	3. 758583	4. 005999
（P 值）	0. 0001	0. 0001	0. 0060	0. 0028	0. 0003	0. 0001
lnGDP	0. 800849	0. 781492	0. 498367	0. 511281	0. 646371	0. 646742
（T 统计量）	13. 73676	15. 19895	8. 453978	8. 657870	12. 14376	12. 21530
（P 值）	0. 0000	0. 0000	0. 0000	0. 0000	0. 0000	0. 0000
lnPOPU	－0. 064152		－0. 508476	－0. 516758	－0. 300483	－0. 297559
（T 统计量）	－0. 712027		－2. 710517	－2. 721699	－1. 848120	－1. 840936
（P 值）	0. 4785		0. 0092	0. 0089	0. 0686	0. 0696

① 表 3－7 显示，对东部地区而言，方程（3）将 lnGDP、lnOPEN、lnPOPU、lnEXGAS、lnFISC、lnFDI、lnFINAN 全部作为回归因子置于模型右边进行回归，结果发现，lnPOPU 的 T 统计量为 －0. 712027，P 值为 0. 4785，于是剔除 lnPOPU 后继续进行回归检验而得到方程（4）。表 3－7 表明，方程（4）的各项回归系数均在 5% 的统计范围内显著，故我们以方程（4）作为东部地区地方政府竞争与环境污染关系的最终回归结果。由同样的步骤可得，方程（6）、方程（8）分别为中部地区与西部地区的最终回归结果。

续表

变量	东部		中部		西部	
	方程（3）	方程（4）	方程（5）	方程（6）	方程（7）	方程（8）
lnOPEN	-0.050696	-0.036972	0.201050	0.199176	-0.354663	-0.359950
（T统计量）	-1.428824	-1.244875	2.613284	2.557181	-3.360261	-3.446575
（P值）	0.0969	0.0967	0.0119	0.0136	0.0012	0.0009
lnFDI	-0.041345	-0.056311	0.138444	0.156711	0.084841	0.090507
（T统计量）	-0.850221	-1.288021	2.311950	2.639408	2.642174	3.042110
（P值）	0.0977	0.0214	0.0250	0.0110	0.0101	0.0032
lnFISC	0.032727	0.030483	0.046298		0.014319	
（T统计量）	3.142792	3.080606	1.504251		0.484658	
（P值）	0.0023	0.0028	0.1389		0.6294	
lnFINAN	0.007476	0.011020	0.166276	0.179136	0.045859	0.048809
（T统计量）	0.321013	0.485889	2.678854	2.877685	0.855152	0.920850
（P值）	0.0890	0.0483	0.0100	0.0059	0.0353	0.0301
lnEXGAS	0.115373	0.094572	-0.088909	-0.071020	0.183041	0.181465
（T统计量）	3.200770	4.492394	-2.578885	-2.167497	4.507443	4.506383
（P值）	0.0020	0.0000	0.0130	0.0350	0.0000	0.0000

就东部地区而言，从方程（4）可知，lnFDI 对 lnDGAS 的回归系数为 -0.056311，其 P 值为 0.0214，在 5% 范围内显著，说明东部地区对外商直接投资的竞争会导致污染红利减少。这可能是由下述原因所引致：对东部地区而言，由于其区位优势相对较强，容易成为外商投资的首选区域，使得东部地区吸引 FDI 的能力要优于中部与西部地区（田东文等，2006），故东部地区对外招商的重点不仅在于吸引外资的数量规模，而且也注重吸引外资的质量，其对污染密集型产业采取的激励程度可能不如其他非污染密集型产业，故东部地区对 FDI 的竞争并没有带来污染红利的增加。然而，方程（4）还显示，lnFISC、lnFINAN 对 lnDGAS 的回归系数均为正值，二者的 P 值均在 5% 范围内显著，说明东部地区对财政收入与金融信贷的竞争会导致污染红利增加，该实证结果与上述回归结果相一致。

就中部地区而言，方程（6）显示，lnFDI、lnFINAN 对 lnDGAS 的回归系数均为正值，其 P 值均在 5% 范围内显著，说明中部地区的 lnFDI、lnFINAN 会导致该地区污染红利增加。就西部地区而言，从方程（8）可知，西部地区的 lnFDI、lnFINAN 亦会导致该地区污染红利增加。值得注意的是，方程（5）与方程（7）显示，尽管中部地区与西部地区的 lnFISC 对 lnDGAS 回归系数的 P 值均不在显著性范围，但二者的回归系数均为正值，说明中部地区与西部地区对财政收入的竞争也导致了污染红利增加。

由此可见，除了东部地区对外商直接投资的竞争会导致污染红利减少以外，表征地方政府竞争的其他变量均会导致污染红利增加。

2. 污染红利的库兹涅茨特征检验

已有研究认为，环境污染与经济增长的长期关系呈倒 U 型曲线关系，学界称该曲线为环境库兹涅茨曲线（Grossman and Krueger，1994；Panayotou，1997）。就污染红利与环境污染的关系而言，当环境污染严重时，企业获得的污染红利自然较多；反之，当环境污染较轻时，则企业获得的污染红利相对较少。这说明，污染红利与环境污染应是一种正向的线性关系，故如果环境污染与经济增长的关系具有库兹涅茨特征，则污染红利与经济增长的关系也应具有库兹涅茨特征。为此，本书决定对污染红利的库兹涅茨特征进行检验，结果如表 3－8 所示。

表 3－8　　库兹涅茨特征检验结果

变量	方程（9）（三次）	方程（10）（二次）	方程（11）（一次）	方程（12）（确定）
lnGDP	0.627675	0.623739	0.647803	0.661150
（T 统计量）	19.06172	19.43952	20.90864	27.44343
（P 值）	0.0000	0.0000	0.0000	0.0000
lnSGDP	0.070212	0.013811		
（T 统计量）	0.050307	2.520416		
（P 值）	0.9599	0.1124		
lnCGDP	0.015150			
（T 统计量）	0.547650			
（P 值）	0.5845			
C	1.630501	1.688859	1.459190	1.619792

续表

变量	方程（9）（三次）	方程（10）（二次）	方程（11）（一次）	方程（12）（确定）
（T统计量）	5.022934	5.516268	4.935988	8.977214
（P值）	0.0000	0.0000	0.0000	0.0000
lnPOPU	0.119163	0.114586	0.131271	0.110672
（T统计量）	2.451123	2.396212	2.740522	2.968079
（P值）	0.0150	0.0174	0.0066	0.0033
lnOPEN	0.013711	0.013232	0.012224	
（T统计量）	0.776220	0.751189	0.686291	
（P值）	0.4384	0.4533	0.4932	
lnFDI	0.055978	0.054757	0.056716	0.055102
（T统计量）	2.830687	2.790934	2.860360	2.801889
（P值）	0.0051	0.0057	0.0046	0.0055
lnFISC	0.026158	0.026210	0.024392	0.025423
（T统计量）	4.400096	4.416156	4.093790	4.414228
（P值）	0.0000	0.0000	0.0001	0.0000
lnFINAN	0.037053	0.036637	0.034057	0.029257
（T统计量）	3.383847	3.359035	3.100949	3.459286
（P值）	0.0008	0.0009	0.0022	0.0006
lnEXGAS	0.081973	0.082299	0.079748	0.085934
（T统计量）	4.067109	4.091218	3.924641	4.723994
（P值）	0.0001	0.0001	0.0001	0.0000

本书通过建立以下计量模型来考察人均收入与污染红利之间的库兹涅茨特征是否存在：

$$\ln y = \beta_0 + \beta_1 \ln x + \beta_2 \ln^2 x + \beta_3 \ln^3 x + \zeta \tag{3.7}$$

式中，y代表污染红利；x代表人均收入水平；β_1、β_2、β_3为模型参数；ζ为随机参数项。根据计量模型回归结果可以判断污染红利—收入的几种可能的曲线关系：

（1）如果，$\beta_1>0$、$\beta_2<0$、$\beta_3>0$则为三次曲线关系或者说呈N型曲线关系；反之，如果，$\beta_1<0$、$\beta_2>0$、$\beta_3<0$，则为倒N型曲线。

（2）如果 $\beta_1>0$、$\beta_2<0$、$\beta_3=0$，则为二次曲线关系，即呈库兹涅茨倒U型曲线关系；反之，$\beta_1<0$、$\beta_2>0$、$\beta_3=0$，则为U型曲线关系。

（3）如果 $\beta_1\neq0$、$\beta_2=0$、$\beta_3=0$，则污染红利与收入呈线性关系。

表3-8方程（9）显示，当用人均收入的立方项（由lnCGDP表示）、平方项（由lnSGDP表示）、一次方项（由lnGDP表示）与lnOPEN、lnPOPU、lnEXGAS、lnFISC、lnFDI、lnFINAN等变量作为回归因子与lnDGAS进行回归分析时，人均收入的平方项与立方项统计量的P值均不显著。方程（10）在方程（9）的基础之上去掉立方项再进行回归时，发现人均收入平方项统计量的P值仍不显著。方程（11）在方程（10）的基础上去掉平方项进行回归分析后，则发现人均收入一次方统计量的P值在1%范围内显著，但lnOPEN统计量的P值不显著。方程（12）在方程（11）的基础之上去掉lnOPEN后，各变量统计量的P值均在显著性范围。其中，lnGDP对lnDGAS的回归系数为0.661150，其P值为0.0000，显著性极强。这说明，当存在地方政府竞争时：首先，经济增长会导致污染红利增加；其次，地方政府竞争视角下的污染红利与人均收入的关系不呈现库兹涅茨特征而呈现线性关系。

四、结论

我国地方政府竞争引致污染红利的机理何在？我国地方政府竞争是否真正引致了污染红利？显然，学界对此问题的探寻相对不够，有待后续研究对之进行补充与完善。

本节构建了一个地方政府竞争引致污染红利的理论模型，结果表明：①不管是在完全信息条件下还是在不完全信息条件下，由于政府私利的存在，各地方政府均倾向于对污染不进行严格规制，由此导致了政府污染规制乏力。②当政府污染规制乏力时，企业污染红利就会出现；由于地区污染红利由企业污染红利加总而成，故由规制乏力效应所带来的企业污染红利增长会更大幅度地促进地区污染红利增加。

本节随后用我国2001~2010年的省级面板数据对地方政府竞争与污染红利的关系进行了实证检验，结果证实了上述研究结果的正确性。①全地区回归结果表明：表征地方政府竞争的三个变量lnFDI、lnFISC、lnFINAN对lnDGAS的回归系数分别为0.055102、0.025423、0.029257，其T统计量的P值分别0.0055、0.0000、0.0006，显著性极强。说明我国地方政府竞争导致了污染红利的增加。②分地区回归结果发现：首先，东部地区lnFDI对lnDGAS的回归系数为-0.056311，其P值为0.0214，在5%范围内显著，说明东部地区对外商直接投资的竞争会带来污染红利减少。除了该指标以外，东部地区表征地方政府竞争的其他两个变量对污染红利的回归系数为正值，这说明，从总体上分析，东部地区的地方政府竞争会导致污染红利增加。其次，就中部地区与西部地区而言，lnFDI、lnFISC、lnFINAN对lnDGAS的回归系数均为正值，说明中部地区与西部地区的地方政府竞争亦导致了污染红利增加。③我国地方政府竞争视角下的污染红利与经济增长的关系不呈现库兹涅茨特征而呈现一种正向的线性关系。

上述研究表明：我国地方政府竞争会引致污染红利。由于我国地方政府之间的竞争实际上是地方政府“为GDP增长”而展开的竞争（张璟、沈坤荣，2008），且我国目前的GDP与污染红利的关系不呈库兹涅茨特征而呈正向的线性关系，故目前阶段的地方政府竞争所导致的经济增长不会带来环境质量的改善，而会带来更多的环境污染，这可能是我国的环境污染问题至今仍十分严峻的一个重要原因。鉴于此，我们一方面应改变以GDP为核心的政绩考核体制，另一方面应增大对地方政府行为的监督力度，以使经济获得增长的同时，能有效避免污染红利增加，从而实现经济社会的可持续发展。

第三节　地区行政垄断与污染红利的形成

许多环境问题均可归结为制度失败与劣质政府治理。在国际水平上，想对海洋与气候变暖的治理进行协调较为困难，2009年哥本哈根峰会有关抑制气候变暖的国际合作受阻就是明证。尽管该峰会的会议宣言要求各个国家迅速采取行动来降低温室效果，但此宣言的真正执行面临巨大挑战，个中原因虽然较为复杂，但各个国家的行政垄断程度不同是导致这一现象出现的重要原因之一（Kinda and Romuald，2010）。

坦普尔（Templet，1995）曾指出，并不是每一个经济主体都会从环境污染中得到福利。一些主体会从环境污染中得到好处，而一些经济主体则受到了承担污染成本的不利影响，后者为得到清洁环境会要求政府采取规制措施，而受福利者则为了阻止规制实现而会采取反规制措施。由此可见，政府对环境规制的政策由污染成本承担者的需求推动，而政府是否采取规制政策在于成本承担方是否有更大的力量通过政治过程去使自己对环境质量的需求得到实现（Grossman and Krueger，1995）。这说明，政府是否采取环境规制受制于不同利益团体的影响。

佩奇和夏皮罗（Page and Shapiro，1983）曾设计了一个有关公众影响政府决策的经济模型，他们的研究发现，当公众充分知晓某问题的信息时，政府决策很容易受到公众的影响。在行政垄断较高的政权中，公众传达信息的条件相对较差，故政府政策受公众影响的力度相对较小；在行政垄断较低的政权中，人们收集信息的条件要优于行政垄断程度较高地区的人们，前者会通过相关媒体表达其偏好，给政府以压力，从而对政府政策施加影响（Torras，1998）。因此，不同利益团体对政府影响力的大小受政府行政垄断程度制约。由于政府是否采取环境规制受制于不同利益团体的影响，故从学理上推究，政府行政垄断对环境污染应具一定的影响力。

从改革开放到现在，我国经济取得了令人瞩目的成就，但也面临严峻的环境污染问题；与此同时，我国亦逐步形成了行政垄断程度不一的地方政府（于良春和余东华，2009）。那么，我国的地区行政垄断程度对环境污染有影响吗？如果有，是通过哪些渠道作用于环境污染？其作用机理何在？很显然，已有研究对此着墨不多。鉴于此，本书决定就我国地区行政垄断程度对污染红利的影响进行实证分析，以其能进一步找出我国环境污染产生的真正原因，从而为我国环境污染治理找到正确的对策。

本节结构安排如下：第一部分为研究方法与变量选取；第二部分为实证结果分析；第三部分则给出文章的结论。

一、实证研究方法与变量选取

（一）实证研究方法

为了检验行政垄断对污染红利的影响，本书决定以我国2001～2012年的省级面板数据对之进行实证分析。本书采用以下计量模型来度量地区行政垄断与污染红利的关系。

$$\ln(e_{i,t}) = \alpha_1 + \alpha_2 INS_{i,t} + \alpha_3 X_{i,t} + \varepsilon_{i,t} \quad (3.8)$$

其中，$e_{i,t}$表示污染红利，i 表示各个省份，t 表示年度；$X_{i,t}$表示除行政垄断以外对污染红利具有影响的其他控制变量；$INS_{i,t}$表示地区行政垄断程度。本书使用了我国 30 个省（区市）的面板数据，其时间跨度为 2001 ~ 2010 年。

（二）变量选取

前面给出了实证分析的基本方程，在具体分析中我们一方面要考虑行政垄断的变量设计，另一方面也要考虑控制变量的影响。综合已有研究，我们把解释变量、被解释变量与控制变量分别作以下设计：

1. 被解释变量

本书采用工业废气污染红利来对污染红利进行表征，用符号 DGAS 表示。

2. 解释变量

本书的解释变量为行政垄断，我们主要采用市场分割指数来反映地区性行政垄断的水平。有关市场分割程度的计算，我们用价格指数来计算各省份的市场分割程度。借鉴帕斯理和魏尚进（Parsley and Wei，2001）的研究方法，本书以相对价格波动指标来反映区域间市场分割程度的变化。其计算过程包括三个步骤：

首先，计算各省份相对价格差异$|\Delta Q_{ijt}^k|$的大小，即：

$$\begin{aligned}|\Delta Q_{ijt}^k| &= |\ln(P_{it}^k/P_{jt}^k) - \ln(P_{it-1}^k/P_{jt-1}^k)| \\ &= |\ln(P_{it}^k/P_{it-1}^k) - \ln(P_{jt}^k/P_{jt-1}^k)| \end{aligned} \quad (3.9)$$

其次，计算各省市相对价格差异的残差 Δq_{ijt}^k 的大小，即使用$|\Delta Q_{ijt}^k|$对$|\overline{\Delta Q_t^k}|$进行回归：

$$\Delta q_{ijt}^k = |\Delta Q_{ijt}^k| - \beta^* |\overline{\Delta Q_t^k}| \quad (3.10)$$

最后，计算代表市场分割程度的方差 $Var(\Delta q_{ijt}^k)$，即对同年、同一区域的 Δq_{ijt}^k求方差。

其中，i，j 代表不同的省份，k 代表不同的商品。显然，市场分割程度越高，则行政垄断程度越大。

3. 控制变量的选取

根据污染红利概念，污染红利大小与区域污染物排放量具有正向关系，故本书认为影响污染物排放的因素也会影响污染红利大小。参照已有文献有关环境污染决定因素的研究，文章决定将人均收入（用符号 GDP 表示）、贸易开放度（用符号 OPEN 表示）、人口总量（用符号 POPU 表示）、上期废气污染（用 EXGAS 表示）作为本书实证研究的控制变量。①

---

① 本书使用相关控制变量的原因：

a. 人均收入。Grossman 和 Krueger（1995）认为，经济活动的规模越大，在其他条件相等的情况下，环境质量损坏（污染、资源消耗）的可能性也越大，因为不断增加的经济活动会导致资源消耗的上升与废物的产生。Shafik（1994）等认为，环境污染程度受人们对环境质量的需求水平约束，而人们对环境质量的需求则受其收入水平制约；当收入水平较低时，人们更加注意食物与其他物质需求而较少注意环境质量；在收入的较高阶段，人们才开始对高水平的环境质量产生需求。本书人均收入指标用 GDP 表示。参见：Grossman，G. M. and A. B. Krueger. Economic growth and the Environment [J]. Quarterly Journal of Economic，1995（2）：353－377；Shafik，N.. Economic Development and Environmental Quality：An EconometricAnalysis [M]. Oxford Economic Papers，1994（46）：757－773。

b. 贸易开放度。Grossman 和 Krueger（1995）把贸易对环境的影响分解为规模效应、技术效应与混合效应。他们的研究表明：在经济活动的增长过程中，贸易的规模效应会促使环境污染增加；贸易的技术效应会促使环境污染减少；贸易的混合效应表现为贸易对环境污染的影响有正效应与负效应。Copeland 和 Taylor（1995）则认为，贸易影响环境污染的作用机制表现为对不同发展程度的国家，其改变环境禀赋的性质不同；贸易会使发达国家污染排放减轻，环境质量增强，却使发展中国家污染排放增加，环境质量降低（黄蕙萍，2001）。本书贸易开放度用历年实际外贸进出口总量表征，用符号 OPEN 表示。参见：Grossman，G. M. and A. B. Krueger. Economic growth and theEnvironment [J]. Quarterly Journal of Economic，1995（2）：353－377；CoPeland，B. P. North-South Trade and the Environment [J]. Quarterly Journal of Economics，1994（5）：86－108；黄蕙萍. 环境要素禀赋和可持续性贸易 [J]. 武汉大学学报，2001（6）：668－674。

c. 人口总量。Mcconnell（1997）认为，当人口数量较大时，其对资源需求就大，较大的资源需求会增加污染的排放，从而使环境污染增加。Newell 和 Marcus（1987）的实证研究发现，在 1958～1983 年间，世界人口总量与二氧化碳排放之间是近乎完全线性的正相关关系。然而，Holtz-Eakin（1995）的研究发现，人口总量对二氧化碳排放的影响较小，他们甚至还发现人口总量对环境质量有一个正的影响（即人口增长减少了污染排放）。本书人口总量用符号 POPU 表示。参见：K. McConnell. Income and the Demand for Environmental Quality [J]. Environment and Development Economics，1997（2）：383－400；Newell，N. D. & Marcus，L.. Carbon Dioxide and People [J]. PALAIOS，1987，2（1）：101－103；Holtz-Eakin，D. & Selden，T. M. Stoking the fires? CO_2 emissions and economic growth [J]. Journal of Public Economics，1995，57（1）：85－101。

d. 上期废气排放指标。Kinda 和 Romuald（2010）认为，环境污染排放具有惯性，故上期的环境污染指标是目前环境污染指标的一个重要解释变量。文章有关上期废气指标用 EXGAS 表示。参见：Kinda，Romuald. Democratic institutions andenvironmental quality：Effects andtransmission channels [DB/OL]. http：//mpra. ub. Unimuenchen. de/27455/MPRA Paper No. 27455，posted 14. December 2010/18：44。

（三）数据来源

文章计算污染红利的数据与上期废气污染数据均来源于《中国环境统计年鉴》；其他数据则来源于《中国统计年鉴》，并经计算、整理而得。由于样本中同时含有时间序列和截面数据，可能存在非线性和非平稳等计量问题，故除了行政垄断指标以外，本研究对式（3.8）所牵涉的变量均采用了自然对数形式。①

二、实证结果分析

本书分两步进行模型设定检验。首先，用 F 检验来确定是采用混合模型还是个体固定效应模型。根据 EViews6.0 的统计结果，F = 11.1659，相应的 P 值为 0.0000，可见，F 检验拒绝了采用混合模型的原假设。其次，为了确定是采用固定效应模型还是随机效应模型，本研究用 Hausman 检验对之进行了判别。根据 EViews6.0 的统计结果，Chi-Sq. d.f 的数值为 8，相应的 P 值亦为 0.0000，故文章决定用固定效应模型进行实证检验。②

（一）实证结果

表 3-9 的方程（1）显示了行政垄断与污染红利的回归结果。方程（1）显示，INS 对 lnDGAS 回归系数大小为 0.0269，其 T 统计量为 2.7257，P 值为

---

① 本书有关人均收入、贸易开放度两项指标的价格指数均以 2001 年实际价格为基期，用各年名义指标数据剔除价格因素后得到其实际指标数据。

1. 污染红利用符号 DGAS 表示；数据来源于《中国环境统计年鉴》（2001～2011 年）；单位为万元。

2. 行政垄断用符号 INS 表示；数据来源于《中国统计年鉴》（2001～2011 年）。

3. 人均收入指标用符号 GDP 表示；实际 GDP = 名义 GDP 价格指数；数据来源于《中国统计年鉴》（2001～2011 年）；单位为万元。

4. 贸易开放度指标用符号 OPEN 表示；实际 OPEN = 名义 OPEN/价格指数；数据来源于《中国统计年鉴》（2001～2011 年）；单位为万元。

5. 人口总量指标用符号 POPU 表示；数据来源于《中国统计年鉴》（2001～2011 年）；单位为万人。

6. 上期废气指标用符号 EXGAS 表示；数据来源于《中国环境统计年鉴》（2000～2010 年）；单位为万吨。

② 本书从财政收入、收入差距与投资三个方面对地区行政垄断引致污染红利的机理进行解释时，亦用相同的方法对其所用到的回归模型进行了模型设定检验，结果表明：F 检验均拒绝了采用混合模型的原假设，Hausman 检验则显示这些回归均需用固定效应模型进行实证检验。

0.0069，在1%范围内显著。这说明，就我国整体而言，地区行政垄断程度的增加会导致污染红利增加。为了验证上述计量模型结果的稳定性，本书将我国分为东部、中部、西部三类地区，以此来分析地区行政垄断对污染红利的影响。表3-9显示，我国东部、中部、西部地区的INS对lnDGAS的回归系数分别为0.0280、0.0261、0.0167，其T统计量的P值分别为0.0741、0.0079、0.0972，三者的P值均在10%范围内显著，其中中部地区回归系数的P值在1%范围内显著，说明我国东部、中部、西部地区行政垄断程度的增加均会导致污染红利增加。

表3-9　　行政垄断与污染红利的回归检验

变量	全国	东部	中部	西部
	方程（1）	方程（2）	方程（3）	方程（4）
lnEXGAS	0.0931	0.0979	0.0987	0.1045
（T统计量）	6.8861	7.2744	7.2674	7.6736
（P值）	0.0000	0.0000	0.0000	0.0000
lnPOPU	0.0357	0.0344	-0.0310	0.0434
（T统计量）	1.6178	1.2073	-1.4159	1.5211
（P值）	0.1070	0.2285	0.1581	0.1295
lnGDP	0.9060	0.9446	0.9059	0.9464
（T统计量）	45.8337	42.8844	46.4523	43.2491
（P值）	0.0000	0.0000	0.0000	0.0000
lnOPEN	0.0045	0.0025	0.0029	-0.0046
（T统计量）	0.5157	0.2795	0.3466	-0.5161
（P值）	0.6065	0.7801	0.7291	0.6062
INS	0.0269	0.0280	0.0261	0.0167
（T统计量）	2.7257	1.7937	2.6772	1.6651
（P值）	0.0069	0.0741	0.0079	0.0972

（二）实证结果分析

上述实证研究结果表明：我国地区行政垄断引致了地区污染红利的增加。然而，上述回归结果何以出现？地区行政垄断引致污染红利的机理何在？显然，仅凭表3-9的回归结果无法对之进行解释。鉴于此，本书决定从财政收入、收入差距与投资三个方面对地区行政垄断引致污染红利的机理进行解释。

1. 以财政收入作为传递渠道

中国财政分权是自上而下的竞争主导型分权。其显著特点是：首先，在政治上，中国财政分权伴随着垂直的政治管理体制，中央政府掌握着对地方政府官员的政绩考核与职位晋升的权威；其次，在财政上，中国财政分权使得地方政府拥有本辖区内的实际权威并与中央政府分享税收收入。于是，在财政分权背景之下，地方政府由于政治激励与经济激励的双重诱导，相互之间围绕本地区经济社会是否率先发展而展开了激烈竞争（张军，2007）。对于地方政府而言，由于其可控财政收入的高低不仅反映其治理能力的大小，还是其改善基础设施、促进民生发展等经济社会发展的最直接渠道与目的，故地方政府之间的竞争指标主要围绕财政收入的高低而展开。为了确立竞争优势，一定的地区性行政垄断措施有助于限制外部竞争而保护本地产业，并能提高本地财政收入，最终会使得地方政府官员在晋升激励的锦标赛竞争中获得良好评价（张卫国等，2011）。可见，增强本辖区内的行政垄断程度是地方政府提高其财政收入的重要手段。为了验证该论述的正确性，本书就地区行政垄断与地方政府财政收入的关系进行了回归分析，回归结果见于表3－10。表3－10方程（5）显示：就全国范围而言，INS对lnFISC回归系数大小为0.1059，其T统计量为7.7368，P值为0.0000，显著性极强。此外，表3－10还显示：我国东、中、西部地区的INS对lnFISC回归系数均为正值，且三者T统计量的P值均具较强显著性。可见，我国地区行政垄断程度的增加导致了财政收入的增长。

表3－10　　行政垄断与传递渠道的回归检验

变量	全国	东部	中部	西部
	方程（5）	方程（6）	方程（7）	方程（8）
lnFISC	0.1058	0.1046	0.1051	0.1046
（T统计量）	7.7368	7.6737	7.6981	7.5161
（P值）	0.0000	0.0000	0.0000	0.0606
lnINV	0.0454	0.0434	0.0473	0.0344
（T统计量）	2.7916	2.5211	2.1565	2.6651
（P值）	0.0000	0.1295	0.032	0.0972
GINI	0.1202	0.1464	0.1140	0.1385
（T统计量）	3.7076	3.2491	3.7181	3.9150
（P值）	0.0073	0.0000	0.0000	0.0001

本书采用如下方程来度量行政垄断与财政收入、投资、收入差距之间的关系：

$$INS_{i,t} = \beta_1 + \beta_2 Y_{i,t} + \varepsilon_{i,t} \tag{3.11}$$

其中，$INS_{i,t}$，$Y_{i,t}$表示财政收入、投资和收入差距指标；$INS_{i,t}$表示地区行政垄断程度。i 表示各个省份，t 表示年度。

除收入差距指标外，财政收入与投资两项指标均由实际指标数据表示，即二者均以 2001 年实际价格为基期，用各年名义指标数据剔除价格因素后得到实际指标数据。

式（3.11）的被解释变量具有以下特征：

（1）财政收入指标。本书采用预算内财政收入来对之进行表征，用符号 FISC 表示。实际 FISC = 名义 FISC/价格指数；数据来源于《中国统计年鉴》（2001 ~2012 年），单位为万元。

（2）投资指标。文章用历年固定资产投资总量对其进行表征。本书固定资产投资总量的计算采用永续盘存法，按照不变价格进行资本存量核算，核算公式为：$K_t = K_{t-1}(1 - C_t) + I_t$。其中，$K_t$为第 t 年按照不变价格计算的资本存量；$C_t$为第 t 年的折旧率；$I_t$为第 t 年按照不变价格计算的新增投资量。投资指标用符号 INV 表示；实际 INV = 名义 INV/价格指数；数据来源于《中国统计年鉴》（2001 ~2012 年）；单位为万元。

（3）收入差距指标。关于该指标的选取，由于受数据来源的局限，文章用城乡收入差距对之进行替代。收入差距指标用符号 GINI 表示；数据来源于《中国统计年鉴》（2001 ~2012 年）。

然而，地方政府财政收入的数量受其辖区内企业的竞争实力与企业所获利润的影响，而企业竞争实力与所获利润则受到企业生产要素成本的约束。于是，为了提高企业竞争实力，地方政府会千方百计为企业提供廉价的生产要素，污染要素自然也成了地方政府提供给企业的廉价生产要素之一，由此导致其辖区内环境规制相对宽松，从而导致了我国污染红利的增加。从表 3 - 11 可以看出，就全国范围而言，lnFISC 对 lnDGAS 回归系数大小为 0.0180，其 T 统计量为 1.7934，P 值为 0.0741，在 10% 范围内显著；同时，我国东、中、西部地区的 lnFISC 对 lnDGAS 回归系数均为正值，且三者 T 统计量为的 P 值均在 5% 范围内显著。这说明我国地区财政收入的提高导致了地区污染红利的增长。

表 3-11　　传递渠道与污染红利的回归检验

变量	全国	东部	中部	西部
	方程（9）	方程（10）	方程（11）	方程（12）
lnEXGAS	0.0980	0.1040	0.0987	0.0984
（T统计量）	7.2744	7.5662	7.2674	7.3262
（P值）	0.0000	0.0000	0.0000	0.0000
lnPOPU	0.0345	-0.0462	-0.0310	-0.0408
（T统计量）	1.2073	-2.0924	-1.4159	-1.8681
（P值）	0.2285	0.0374	0.1581	0.0629
lnGDP	0.9446	0.9133	0.9059	0.9095
（T统计量）	42.8844	46.3556	46.4523	46.5756
（P值）	0.0000	0.0000	0.0000	0.0000
lnOPEN	-0.0025	-0.0012	0.0030	0.0017
（T统计量）	-0.2795	-0.1382	0.3467	0.2014
（P值）	0.7801	0.8902	0.7291	0.8406
lnFISC	0.0180	0.0083	0.0261	0.0284
（T统计量）	1.7937	3.0468	2.6773	2.9099
（P值）	0.0741	0.0026	0.0079	0.0039
lnINV	0.4404	0.0572	0.0518	0.4385
（T统计量）	5.9682	2.5522	4.3913	5.9150
（P值）	0.0000	0.0113	0.0004	0.0001
GINI	0.0337	0.0369	0.0321	0.0168
（T统计量）	2.1903	2.3010	2.1736	2.2645
（P值）	0.0294	0.0222	0.0195	0.0129

本书采用以下方程来度量财政收入、投资、收入差距与污染红利的关系：

$$\ln DGAS_{i,t} = \gamma_1 + \gamma_2 Y_{i,t} + \gamma_3 X_{i,t} + \varepsilon_{i,t} \tag{3.12}$$

其中，$Y_{i,t}$表示财政收入、投资和收入差距指标；$X_{i,t}$表示影响污染红利的其他控制变量；$DGAS_{i,t}$表示污染红利指标。i 表示各个省（区市），t 表示年度。

2. 以收入差距作为传递渠道

已有研究认为，地区行政垄断程度越高，则收入差距会越大。博伊克斯

（Boix，1998）指出，在行政垄断程度较低的地区，政府人员很在意民众对政府的评价，为了获得穷人与中产阶级的好评，他们会采取有利于抑制收入差距扩大的措施如最低工资制、收入补贴、抑制腐败、减少行业垄断等经济政策，故低行政垄断将降低收入不平等，高行政垄断会保持收入不平等。海利威尔（Helliwel，1994）认为，产权明晰度与政治开放度是影响收入差距的两个重要因素，在行政垄断较低的地区，其产权明晰度与政治开放度相对较高，其收入分配的平等程度比高行政垄断地区好。上述分析表明：低行政垄断会带来较低收入差距，而高行政垄断则会带来较高的收入差距。从表 3 - 10 可以看出，就全国范围而言，INS 对 GINI 回归系数大小为 0. 1202，其 T 统计量的 P 值为 0. 0073，在 1% 范围内显著。此外，表 3 - 10 还显示：我国东部、中部、西部地区的 INS 对 GINI 回归系数均为正值，且三者 T 统计量的 P 值均具极强显著性。由此可得，我国地区行政垄断程度的增加导致了收入差距增大。

已有研究认为，收入差距会从三个方面对环境质量产生影响。第一，收入差距影响人们的环境支付能力（Galbraith，1973；Bergstrom et al.，1990）；第二，收入差距会影响人们的环境支付意愿（Bergstrom et al.，1990）；第三，收入差距影响污染的边际产品释放（Ravallion et al.，1998）。可见，收入差距扩大会导致环境污染增加。由于污染红利的增加与环境污染增加成正方向，故收入差距扩大亦会带来污染红利增加。从表 3 - 11 可以看出，就全国范围而言，GINI 对 lnDGAS 的回归系数为 0. 0337，其 T 统计量的 P 值为 0. 0294，在 5% 范围内显著；同时，我国东部、中部、西部地区的 GINI 对 lnDGAS 回归系数均为正值，且三者 T 统计量为的 P 值均在 5% 范围内显著。这说明，我国收入差距的扩大导致了地区污染红利的增长。

3. *以投资作为传递渠道*

1994 年分税制改革以来，随着中央政府财税权力的集中及地方政府自有税基的不断缩减，地方政府为获得稳定的财税收入，必须不断完善本辖区内的基础设施，改善本辖区的投资环境，为本辖区的企业降低生产要素成本，从而吸引本辖区外乃至外资投资，故地方政府会大力进行本辖区内的基础设施投资。同时，从改革开放到现在，虽然中央政府逐渐放松了其对于经济的直接控制，但其并没有将权力直接下放给作为微观经济主体的企业，而是将更多的权力让渡给各级地方政府。故各级地方政府拥有更多的诸如行政审批权、经营许可证发放权、土地资源使用权等经济性权力（张卫国等，2011）。这为地方政府因吸引投资而提供给投资主体成本上的优惠提供了可能性（如廉价的土地要素成本等）。且地方政府经济性权力越大，其提供给投资主体的优惠成本也越大。可见，地方政府行政垄断程度的增加不仅会导致其自身加大对基础设施的投资，也会导致其辖区内其他投资的增长。从表3-10方程（6）可以发现：就全国范围而言，INS对lnINV回归系数的大小为0.4404，其T统计量为5.9682，P值为0.0000，显著性极强。同时，表3-10还显示：我国东部、中部、西部地区的INS对lnINV回归系数均为正值，且三者T统计量的P值均具较强显著性。这说明，我国地区行政垄断程度的增加导致了区域投资的增长。

投资对污染红利的影响与经济发展阶段有关，不同经济发展阶段的投资对污染红利有不同的影响。在经济发展的初级阶段，为了解决发展问题，政府会尽力为各主体（特别是企业）创造发展的条件，甚至是一些优惠条件，于是该时期政府对企业环境污染的规制约束相对较小，企业因而获得了污染这种廉价的生产要素。当经济增长进入较高阶段以后，随着居民对环境质量的要求越来越高，政府开始采取各种措施加强对环境的管理，如加强立法、加大排污征税力度，加强对污染严重企业的规制、制定绿色标准等，企业在遇到了外界的一系列信号后，开始调整自己的行为，如购买治污设备、淘汰产能落后的机器、进行科技创新等，故污染被当作红利使用的生产方式受到抑制（张乐才，2011）。由于我国目前仍处于经济发展的初级阶段，故从学理上推断，我国投资的增长会导致污染红利增加。而表3-11的实证研究结果则证实了该推断的正确性。从表3-11可以看出，就全国范围而言，lnINV对lnDGAS的回归系数为正值，其T统计量的P值在1%范围内显著；同时，我国东、中、西部地区的lnINV对lnDGAS回归系数均为正值，且三者T统计量的P值均在1%范围内显著。这说明，我国投资增长亦会带来污染红利的增长。

三、研究结论

本节就我国地区行政垄断对污染红利的影响进行了分析，并就其影响结果进行了探寻，得到了以下研究结论。

本研究就行政垄断对污染红利的影响进行了回归分析，得到了以下研究结论：首先，就我国整体而言，INS 对 lnGAS 回归系数大小为 0.0269，其 T 统计量为 2.7257，P 值为 0.0069，在 1% 范围内显著。这说明，就我国整体而言，地区行政垄断程度的增加会导致污染红利增加。其次，我国东部、中部、西部地区的 INS 对 lnDGAS 的回归系数分别为 0.0280、0.0261、0.0167，其 T 统计量的 P 值分别为 0.0741、0.0079、0.0972，三者的 P 值均在 10% 范围内显著，其中，中部地区回归系数的 P 值在 1% 范围内显著。说明我国东部、中部、西部地区行政垄断程度的增加均会导致污染红利增加。

为了解答上述回归结果出现的原因，本节从财政收入、收入差距、投资三个方面对之进行了探寻。首先，表 3 - 10 的回归结果表明，行政垄断对财政收入、收入差距、投资的回归系数分别为 0.1058、0.1202、0.0454，其 T 统计量的 P 值分别为 0.0000、0.0000、0.0073，三者的 P 值均在 1% 范围内显著。说明我国行政垄断程度的增加会导致财政收入、收入差距与投资的增加。分地区回归结果亦证实了该结论的正确性。其次，表 3 - 11 的回归结果显示，财政收入、收入差距、投资对污染红利的回归系数分别为 0.0180、0.0337、0.4404，其 T 统计量的 P 值分别为 0.0741、0.0294、0.0000，显著性较强。说明我国财政收入、收入差距、投资的增加均会导致污染红利增加。分地区回归结果同样证实了该结论的正确性。由此可见，地区行政垄断作用于污染红利的机理表现为：①地区行政垄断程度的增加会导致财政收入、收入差距与投资的增加；②财政收入、收入差距与投资增加均会导致污染红利增加。

第四节　收入差距与污染红利的形成

综观现有文献可以看出，国外学者主要从三个方面探寻了收入差距对环境污染的影响。

第一，收入差距影响人们的环境需求函数形状。博伊斯（Boyce，1994）从收入与环境质量需求的函数关系探讨了收入差距对环境污染的影响。他认为，在给定的平均收入水平下，收入不平等增加意味着富人变得更富，穷人变得更穷；收入不平等的增加会增加富人的环境质量需求而降低穷人的环境需求，故收入差距对环境质量需求的净效果是模糊的，其取决于收入—环境质量需求的函数关系形状；如果该函数关系是线性的，则收入不平等的增加对环境质量没有影响；如果收入—环境质量需求的函数关系是凸的，则收入不平等的增加会降低环境质量；如果收入—环境质量需求的函数关系是凹的，则收入不平等会提高环境质量。

第二，收入差距影响人们的环境支付意愿与支付能力。伯格斯特龙等（Bergstrom et al.，1990）从信息与支付能力角度对收入差距影响环境污染的机制进行了探讨。他认为，一个人对清洁空气的偏好依赖于他所接触到的有关空气质量与空气危害程度的信息，这些信息会影响此人对空气质量需求的评价。在一个不平等程度较大的社会里，相对于富人而言，穷人对有关环境成本及其承担的信息相对缺乏；同时，穷人常常会受到设计好的广告的影响，对污染的可接受程度相对较高，从而带来环境污染的加重。伯格斯特龙等（Bergstrom et al.，1990）还指出，环境污染的成本由人们支付清洁环境的意愿所确定，而支付意愿受到支付能力约束，支付能力则受收入分配约束。在一个财富高度集中的世界，当呼吸肮脏空气的人群主要是穷人而不是富人时，空气污染的水平就比较高，主要是因为穷人的意愿支付与支付能力都比富人要低。

第三，收入差距影响产品的边际污染释放。拉瓦里安等（Ravallion et al.，2000）认为，收入差距对环境质量的影响依赖于产品的边际污染释放（marginalpropensityto emit）。他认为，与富人相比，穷人的消费具有以下特点：一方面，穷人消费的产品比富人含更多污染；另一方面，穷人消费的产品比富人含更多能源，故穷人的MPE大于富人。由此，当穷人变富而使得收入不平等程度减小时，污染会随之减轻；反之，则反是。

从改革开放到现在，我国经济取得了令人瞩目的成就，但收入差距也日益扩大；与此同时，我国亦存在严峻的环境污染问题。那么，我国收入差距对环境污染有影响吗？对此问题的探讨引起了部分学者的兴趣。

杨树旺等（2006）的研究表明：收入分配的方式和状况影响经济主体的行为，而这些行为又从需求和供给两方面影响着环境质量；同时，收入分配不公不仅诱致整体环境质量恶化，更进一步还会导致各地环境质量的不均衡。

潘丹、应瑞瑶（2010）利用我国1986～2008年的时间序列数据就收入差距对环境污染的影响进行了分析，其研究发现：首先，收入差距对环境污染的影响显著为正，并且这种影响存在着滞后效应；其次，不断拉大的收入差距减弱了经济发展对环境污染的改善效果，延迟环境库兹涅茨曲线转折点的到来。马旭东（2012）利用我国1995～2009年的时间序列数据，对收入分配差距与环境污染及政府治理环境的投资行为之间的关系进行了分析，其研究表明：收入分配差距与环境污染之间存在正相关的关系，收入分配差距的扩大加剧了环境污染。钟茂初、赵志勇（2013）就城乡收入差距与中国环境污染之间的关系进行了实证分析，其静态估计和动态估计的计量分析结果都表明，除了人均收入的影响外，城乡收入差距对污染物排放有显著的正向影响。

上述综述表明，就我国收入差距对环境污染的影响而言，已有研究主要探寻了收入差距对环境污染的影响是否存在，而对收入差距影响环境污染机理的探寻则相对不够。虽然杨树旺等（2006）对此进行了初步探寻，但其并未用相关数据对此进行实证分析。鉴于此，本书决定弥补已有研究缺陷，就我国收入差距对污染红利的影响机理进行实证分析，以期能进一步找出我国环境污染产生的真正原因，从而为我国抑制污染红利找到正确的对策。

一、变量选取与数据来源

（一）变量选取

1. 被解释变量

本书有关污染红利的指标用各省历年废气排放量对之进行表征。废气排放量用符号GAS表示。

2. 解释变量

本书的解释变量为收入差距，关于该指标的选取，由于局限于数据来源，本研究用各省城乡收入差距对之进行替代。

3. 控制变量的选取

参照已有研究有关环境污染决定因素的研究，本书将人均收入（用符号GDP表示）、贸易开放度（用符号OPEN表示）、结构效应（用符号STR表示）、技术效应（用 TECH 表示）作为本书实证研究的控制变量。①

（二）数据来源

本书数据均来源于《中国统计年鉴》，并经计算、整理而得。由于样本

---

① 本书使用相关控制变量的原因如下：

首先，技术效应。已有研究认为，技术影响环境禀赋的内在机理表现在两个方面：第一，直接作用。Thampapillai（2003）指出，指技术进步能降低人类治理环境污染的成本，环境治污成本的降低会减少企业等治污主体治理环境污染的阻力，从而提高了治污主体积极性；同时，技术进步会提高环境资源的利用效率、从而减少污染排放。第二，间接作用。Grossman（1991）认为，技术进步对环境禀赋的间接影响体现在技术进步促使经济增长方式发生转变，带来产业结构的调整与优化，从而使污染减少，环境禀赋增强 。参见：Thampapillai et al. The Environmental Kuznets Curve Effect and the Scarcity of Natural Resources：A Simple Case Study of AusSTRlia1. STRited Paper presented to Australian Agricultural Resource Economics Society，2003（24）：28 –45；Grossman，G. M. and A. B. Krueger. Environmental Impact of a North American Free Trade Agreement [R]. National Bureau of Economic Research，working paper，1991，No，3914。

其次，结构效应。Grossman 和 Krueger（1995）认为，环境污染现象是规模效应和经济结构自然演进双重作用的结果，这是因为随着人均收入提高，经济规模变得越来越大，从而使得环境状况恶化，这就是规模效应，规模效应是收入的单调递增函数。Panayotou（2003）指出，当一国经济从以农耕为主向以为主转变时，污染加重；而当经济发展到更高水平时，产业结构升级，污染减少，这就是结构效应；结构效应暗含着技术效应，因为产业结构升级需要技术支持，即用较为清洁的生产技术代替污染严重的技术。参见：Grossman，G. M. and A. B. Krueger. Economic growth and the Environment [J]. Quarterly Journal of Economic，1995（2），353 –377；Panayotou，Theodore. Demystifying the Environmental Kuznets Curve：Turning a Black Box into a Policy Tool [J]. Environment and Development Economics，1997。

再次，贸易开放度。Grossman 和 Krueger（1995）把国际贸易对环境污染的影响分解为规模效应、技术效应与混合效应。他们的研究表明：在经济活动的增长过程中，贸易的规模效应会促使环境污染增加；贸易的技术效应会促使环境污染减少；贸易的混合效应表现为贸易对环境污染的影响有正效应与负效应。Copeland 和 Taylor（1995）则认为，贸易影响环境污染的作用机制表现为对不同发展程度的国家，其改变环境禀赋的性质不同；贸易会使发达国家污染排放减轻，环境污染增强，却使发展中国家污染排放增加，环境污染降低。参见：Grossman，G. M. and A. B. Krueger. Economic growth and the Environment [J]. Quarterly Journal of Economic，1995（2）：353 –377；Copeland，B. P. North –South STRde and the Environment [J]. Quarterly Journal of Economics，1994（5）：86 –108。

最后，人均收入。Grossman 和 Krueger（1995）认为，经济活动的规模越大，在其他条件相等的情况下，环境污染损坏（污染、资源消耗）的可能性也越大，因为不断增加的经济活动会导致资源消耗的上升与废物的产生。Shafik（1994）等指出，环境污染程度受人们对环境污染的需求水平约束，而人们对环境污染的需求则受其收入水平制约；当收入水平较低时，人们更加注意食物与其他物质需求而较少注意环境污染；在收入的较高阶段，人们才开始对高水平的环境污染产生需求。参见：Grossman，G. M. and A. B. Krueger. Economic growth and the Environment [J]. Quarterly Journal of Economic，1995（2）：353 –377；Shafik，N.. Economic Development and Environmental Quality：An Econometric An Econometirc Analysis [J]. Oxford Economic Papers，1994（46）：757 –773。

中同时含有时间序列和截面数据，可能存在非线性和非平稳等计量问题，故除了收入差距与结构效应以外，本书对所有变量均采用了自然对数形式。

（三）各变量的具体情况

本书各变量的具体情况如下：

（1）废气污染量。用符号 GAS 表示；数据来源于《中国统计年鉴》（2001～2011 年）；单位为万吨。

（2）收入差距。该指标用符号 GAP 表示；数据来源于《中国统计年鉴》（2001～2011 年）。

（3）经济增长指标。该指标由人均收入进行表征，用符号 GDP 表示；实际 GDP = 名义 GDP/价格指数；数据来源于《中国统计年鉴》（2001～2011 年）；单位为万元。

（4）贸易开放度。该指标用历年实际外贸进出口总量表征，用符号 OPEN 表示；实际 OPEN = 名义 OPEN/价格指数；数据来源于《中国统计年鉴》（2001～2011 年）；单位为万元。

（5）结构效应。用历年资本劳动比对其进行表征。即结构变化 = 年末物质资本存量/年末从业人员人数；物质资本存量采用永续盘存法，按照不变价格进行资本存量核算，核算公式为：$K_t = K_{t-1}(1 - C_t) + I_t$。其中，$K_t$ 为第 t 年按照不变价格计算的资本存量；C_t 为第 t 年的折旧率；I_t 为第 t 年按照不变价格计算的新增投资量。本书结构效应用符号 STR 表示，数据来源于《中国统计年鉴》（2001～2011 年）。

（6）技术效应。用历年实际技术投资表示该指标，用符号 TECH 表示，数据来源于《中国统计年鉴》（2001～2011 年）；单位为万元。

二、收入差距对污染红利的影响

（一）计量模型

本书采用以下计量模型来度量收入差距对污染红利的影响。

$$Log(e_{i,t}) = \alpha_i + \beta GINI + \omega X_{i,t} + \varepsilon_{i,t} \quad (3.13)$$

其中，$e_{i,t}$表示污染红利，i 表示各个省份，t 表示年度；$X_{i,t}$表示决定污染红利的其他控制变量；GAP 表示收入差距指标。本书使用了我国 30 个省（区、市）的面板数据，其时间跨度为 2000～2010 年。

本研究分两步进行模型设定检验。首先，用 F 检验来确定是采用混合模型还是个体固定效应模型。根据 EViews7.0 的统计结果，F = 12.3242，相应的 P 值为 0.0000，可见，F 检验拒绝了采用混合模型的原假设。其次，为了确定是采用固定效应模型还是随机效应模型，本研究用 Hausman 检验对之进行了判别。根据 EViews7.0 的统计结果，Chi-Sq. d.f 的数值为 7，相应的 P 值亦为 0.0000，故本书决定用固定效应模型进行实证检验。

（二）回归结果

表 3－12 的方程（1）显示了收入差距与污染红利的回归结果。方程（1）显示，GAP 对 lnGAS 回归系数大小为 0.062509，其 T 统计量为 5.155749，P 值为 0.0512，显著性接近 5%。这说明，就我国整体而言，地区收入差距程度的增加会导致污染红利增加。从改革开放到现在，我国收入差距呈现日益加大的尴尬局面。以居民收入差距为例，1985 年我国基尼系数为 0.19，2000 年为 0.42，2010 则达到了 0.49；同时，我国城乡收入差距亦呈现日益拉大的局面，1985 年我国城乡收入差距之比为 1.87∶1，截至 2000 年则攀升至 2.76∶1，2010 年更是达到了 3.33∶1[①]。同时，我国污染红利问题则日益严重。以废气污染为例，1985 年，我国废气污染总量为 8532.4 万吨，2000 年为 138145 万吨，2010 年则达到了 436064 万吨[②]。进一步考察我国废气污染时序数据与收入差距时序数据的相关系数则发现，从 1985～2010 年，我国废气污染与居民收入差距的相关系数达到 0.9119，其与城乡收入差距的相关系数达到了 0.8652。这说明，我国确实存在收入差距越大，污染红利越严重的现象。

①② 数据来源于《中国统计年鉴》（1986～2011 年）。

表 3 – 12　　收入差距与污染红利的回归检验

变量	全国	东部	中部	西部
	方程（1）	方程（2）	方程（3）	方程（4）
lnTECH	0.092453	0.051888	0.070765	0.139127
（T 统计量）	7.435681	2.623359	1.87642	4.388792
（P 值）	0.0000	0.0103	0.065	0.0000
lnSTR	0.06914	0.048419	0.033609	0.129196
（T 统计量）	3.319001	1.4624	0.959266	3.385594
（P 值）	0.201	0.1473	0.3409	0.1011
lnGDP	0.969379	1.018325	0.946859	0.999983
（T 统计量）	50.74587	38.22212	19.18799	28.60122
（P 值）	0.0538	0.0256	0.05128	0.4256
lnOPEN	0.014971	0.008068	0.02234	0.033592
（T 统计量）	1.761391	0.821551	0.581316	1.342559
（P 值）	0.0794	0.04136	0.0563	0.0183
GAP	0.062509	0.089109	0.014104	0.069543
（T 统计量）	5.155749	1.181228	0.046641	0.718421
（P 值）	0.0512	0.0608	0.0729	0.0545

然而，方程（1）的回归结果只是从总体上探究了我国收入差距对污染红利的影响，为了探究该项结果的稳定性，本书将我国分为东部、中部、西部三类地区，以此来分析地区收入差距对污染红利的影响。表 3 – 12 的方程（2）、方程（3）、方程（4）显示，我国东部、中部、西部地区的 GAP 对 lnGAS 的回归系数分别为 0.089109、0.014104、0.069543，其 T 统计量的 P 值分别为 0.0608、0.0729、0.0545，三者的 P 值均在 10% 范围内显著，说明我国东部、中部、西部地区收入差距程度的增加均会导致污染红利增加。

三、回归结果释疑

为了探寻上述回归结果何以出现，即为了探寻收入差距引致污染红利的机理，本书假定：收入差距既有通过自身对污染红利的直接影响，还会通过传导渠道对污染红利施加间接影响。鉴于此，我们分两步探寻收入差距引致污染红利的机理。第一步，传导渠道的选择；第二步，探寻收入差距通过自身和传导渠道对污染红利的直接影响、间接影响与总影响。

（一）传导渠道的选择

就传导渠道的选择而言，综观现有文献可以发现，技术效应、结效效应、自然资源成本、国际贸易、人均收入、国家政策均会对污染红利施加影响。由于自然资源成本和国家政策的数据难于找到，故本研究决定将经济增长（GDP）、贸易开放（OPEN）、技术效应（TECH）、结构效应（STR）等影响污染红利的4个控制变量作为潜在传导渠道。为此，本研究首先探寻收入差距对经济增长、贸易开放、结构效应、技术效应的影响。

表3－13显示，收入差距对贸易开放和技术效应影响系数的P值分别为0.3274、0.4361，这说明，收入差距不是贸易开放、技术效应的解释变量。然而，收入差距对经济增长和结构效应影响系数的P值分别为0.0328、0.0433，二者均在5%的范围内显著，说明收入差距是经济增长和结构效应的解释变量。[①]

表3－13　　收入差距与传导渠道的计量检验结果

变量	系数	标准差	T统计量	P值
lnOPEN	0.008403	0.008563	0.981366	0.3274
lnGDP	0.929625	0.022216	4.84479	0.0328
STR	0.061052	0.020564	2.968817	0.0433
lnTECH	0.089566	0.012219	7.330145	0.4361

就收入差距对结构效应的影响而言，表3－13显示，GAP对STR的回归系数为0.061052，其T统计量的P值为0.0433，在5%范围内显著，说明我国收入差距扩大有利于结构优化。该计量结果可从以下方面得到解释。虽然

① 本书就收入差距对传导渠道的影响进行分析时，亦分两步进行了模型设定检验，结果表明：F检验均拒绝了采用混合模型的原假设，Hausman检验则显示这些回归均需用固定效应模型进行实证检验。

收入差距扩大不利于我国内需增长从而不利于投资增长，但强劲的外需与地方政府的投资偏好使得收入差距抑制资本投入增长的条件暂时性缺失。相反，由于收入差距扩大会导致资产向富裕人群积聚，而富裕人群的边际消费递减，故其储蓄规模较大。随着我国市场化的日益完善，我国的储蓄—投资转换机制也随之完善，这为高收入者的储蓄顺利转化为投资带来了积极的正面影响。在间接投资方面，这些高收入者的相当一部分收入会转化为金融资产，这些金融资产可以支持民间投资，提高民营企业承担风险的能力；同时，一部分高收入者会进行直接投资，从而有利于我国投资结构改善。因投资增长会带来资本劳动比增加，故我国目前阶段的收入差距有利于资本劳动比增加。

就收入差距对经济增长的影响而言，表 3－13 显示 GAP 对 lnGDP 的回归系数为 0.929625，其 T 统计量的 P 值为 0.0328，说明我国目前阶段的收入差距扩大对经济增长有一个正的影响，这可能是由下述原因所引致。首先，前面的分析表明，我国目前阶段的收入差距扩大对投资增长有积极的正面效应，由于投资增长会促进经济增长，故我国现阶段收入差距扩大对经济增长存在正面影响。其次，由于收入差距扩大导致社会出现了较多贫困人口与少数富裕人口，而贫困人口对污染红利的需求相对不高，从而会带来如下效果。一方面，其对低污染红利的容忍度较高；另一方面，其对污染密集型产品的需求较大，二者使得我国工业产业的主导产业为污染密集型产业，污染密集型产业的增长也是属于经济增长的重要内容，故目前阶段的收入差距扩大可能对污染密集型产业的生产有利，从而导致了经济增长。

因收入差距是经济增长和结构效应的解释变量，故本书决定将二者选为传导渠道。

（二）收入差距对污染红利的直接影响、间接影响与总影响

1. 直接影响与间接影响的存在性

（1）回归模型与方法。

本书采用以下计量模型来度量收入差距通过自身和传导渠道对污染红利的双重影响是否存在。

$$\mathrm{Log}(e_{i,t}) = \alpha_1 + \alpha_2 \mathrm{GINI}_{i,t} + \alpha_3 M_{i,t} + \varepsilon_{i,t} \tag{3.14}$$

其中，$e_{i,t}$表示污染红利，i 表示各个省份，t 表示年度；$M_{i,t}$表示传导变量；GAP 表示收入差距指标①。

笔者采取逐步回归方式来测度收入差距通过自身和传导渠道对污染红利的影响。表 3-14 显示，方程（5）将 GAP 作为回归因子置于模型右边进行回归，以此测度在不存在传导渠道的条件下收入差距对污染红利的影响；方程（6）在方程（5）的基础上加入 STR，试图说明：当仅存在结构效应传导渠道时，收入差距对污染红利的影响；方程（7）在方程（5）的基础上加入 lnGDP，试图探寻：当仅存在经济增长渠道时，收入差距对污染红利的影响；方程（8）则在方程（5）的基础上将 STR、lnGDP 全部加入，以探寻同时存在两个传导渠道时，收入差距对污染红利的影响。②

表 3-14　收入差距通过自身和传导渠道对污染红利的影响

变量	方程（5）	方程（6）	方程（7）	方程（8）
GAP	1.440012	1.254569	0.073271	0.072553
（T 统计量）	16.20136	5.54582	5.105365	5.155749
（P 值）	0.0466	0.0734	0.0823	0.0629
STR		0.923708		0.06914
（T 统计量）		38.28033		3.319001
（P 值）		0.0000		0.0001
lnGDP			0.500104	0.969379
（T 统计量）			3.41703	50.74587
（P 值）			0.02133	0.0000

（2）回归结果。

方程（6）、方程（7）、方程（8）的回归结果显示了存在传导渠道时，收入差距对污染红利的影响。这三个方程显示，当存在结构效应传导渠道时，

① 此处没有将控制变量 OPEN、TECH 考虑进来，其原因在于：如果二者对传导渠道也有影响的话，则难于确认收入差距通过传导渠道对废气污染的间接影响是否存在，故此处的回归没有将二者作为控制变量。

② 此处的模型设定检验结果亦表明：F 检验拒绝了采用混合模型的原假设；Hausman 检验则表示这些回归均需用固定效应模型进行实证检验。

收入差距对废气污染红利的影响系数为 1.254569；当存在经济增长渠道时，其影响系数为 0.073271；当两个传导渠道同时存在时，该影响系数为 0.072553。比较方程（5）与方程（6）、方程（7）、方程（8）有关收入差距对废气污染红利影响系数的大小可以发现，当存在传导渠道时，收入差距对废气污染红利的影响系数要与不存在传导渠道时的影响系数不同。既然收入差距是结构效应与经济增长的解释变量，而结构效应与经济增长又会影响污染红利，说明收入差距对污染红利除了有一个直接影响以外，还有一个通过结构效应与经济增长作用的间接影响。

2. 残差回归分析

本部分决定用残差回归法测度收入差距对污染红利的直接影响、间接影响与总影响。

（1）回归方法与步骤。

第一步，我们估计收入差距、结构效应和经济增长对污染红利的影响系数。

$$\mathrm{Log}(e_{i,t}) = \alpha_i + \delta_1 \mathrm{GINI} + \beta_1 \mathrm{TC}_{i,t}^{j} + \varepsilon_{i,t} \tag{3.15}$$

$\mathrm{TC}_{i,t}^{j}$表示结构效应和经济增长，δ_1 表示收入差距影响污染红利的一个直接效果，β_1 表示传导变量对污染红利的影响系数。

第二步，我们实证检验收入差距对传导变量的影响（即用传导变量对收入差距进行回归），并得出该方程的残差大小。

$$\mathrm{TC} = \mathrm{C} + \Omega \mathrm{GINI} + \mathrm{TC}_{i,t}^{j}\mathrm{res} \tag{3.16}$$

在这里，系数 Ω 表示收入差距对传导变量的影响系数，$\mathrm{TC}_{i,t}^{j}\mathrm{res}$ 是残差部分（这部分为不归因于收入差距的推动，而由传导渠道直接作用于污染红利）。

第三步，我们用 $\mathrm{TC}_{i,t}^{j}\mathrm{res}$ 代替 $\mathrm{TC}_{i,t}^{j}$，测度收入差距对污染红利的总影响①。

$$\mathrm{Log}(e_{i,t}) = \alpha_i + \delta_2 \mathrm{GINI} + \beta_2 \mathrm{TC}_{i,t}^{j}\mathrm{res} + \omega_2 X_{i,t} + \gamma_t + \varepsilon_{i,t} \tag{3.17}$$

---

① 在这种情况下，如果收入差距对传导变量有影响，此方法会使得收入差距影响废气污染的系数发生变化（即 $\delta_1 \neq \delta_2$），而传导渠道对收入差距的影响系数也会发生变化（即 $\beta_1 \neq \beta_2$）。如果收入差距不是传导变量的影响因素，这种方法就没有用处。

在式（3.17）中，系数 δ_2 即为收入差距对污染红利的总影响系数。

第四步，通过比较总影响系数 δ_2 与直接影响系数 δ_1 的大小，就能确定间接影响系数的正负方向与大小。

（2）回归结果。

表 3－15 的方程（10）、方程（12）、方程（14）给出了式（3.17）的估计结果，将这三个方程的回归结果与方程（9）、方程（11）、方程（13）的回归结果进行对比，即可得出收入差距对污染红利的影响特征[①]。

表 3－15　　收入差距与污染红利的残差回归检验结果

变量	方程（9）	方程（10）	方程（11）	方程（12）	方程（13）	方程（14）
GINI	1.254569	1.338597	0.073271	1.387011	0.072553	1.592074
（T 统计量）	5.54582	6.12179	5.105365	124.8702	5.155749	126.4354
（P 值）	0.0734	0.063279	0.0523	0.043218	0.0629	0.056733
STR	0.923708				0.06914	
（T 统计量）	38.28033				3.319001	
（P 值）	0.05432				0.06521	
lnGDP			0.500104		0.969379	
（T 统计量）			3.41703		50.74587	
（P 值）			0.02133		0.0000	
STRres		0.653716				0.05321
（T 统计量）		21.63255				4.258756
（P 值）		0.053219				0.0512
GDPres				0.785421		0.864752
（T 统计量）				32.3478		5.789428
（P 值）				0.04678		0.036893

当仅存在结构效应传导渠道时，方程（9）的回归结果显示了收入差距对废气污染红利直接影响系数 δ_1 的大小，方程（10）的回归结果则说明了收入差距对废气污染红利总影响系数 δ_2 的大小。方程（9）表明，δ_1 的大小为

[①] 此处的模型设定检验结果同样表明：F 检验拒绝了采用混合模型的原假设；Hausman 检验则表示这些回归均需用固定效应模型进行实证检验。

1.254569；方程（10）显示，δ_2 的大小为1.338597。这说明，无论从直接影响视角分析，还是从总影响角度观察，收入差距始终对污染红利具有不利影响。同时，比较方程（9）与方程（10）的回归结果可以发现，当我们用STRres代替STR时，收入差距对废气污染红利的影响系数增加了（从1.254569变到1.338597），可见，我国收入差距对污染红利的间接影响系数为正值，说明我国收入差距会通过结构效应对污染红利施加不利的间接影响。

当仅存在经济增长渠道时，比较方程（11）与方程（12）的回归结果亦可发现，收入差距对废气污染红利的直接影响系数和总影响系数均为正值，且总影响系数要比直接影响系数大。这同样说明我国收入差距会通过经济增长对污染红利施加不利的间接影响。

当结构效应传导渠道与经济增长渠道共存时，方程（13）的回归结果表明，收入差距对废气污染红利的直接影响系数为0.072553，方程（14）的回归结果显示，收入差距对废气污染红利的总影响系数为1.592074，且总影响系数要比直接影响系数大。同时，比较方程（14）、方程（12）、方程（10）的回归结果则发现，当结构效应渠道与经济增长渠道共存时，收入差距对废气污染红利影响系数最大。这主要是由于结构效应渠道与经济增长渠道均会导致污染红利增加，故当这两个传导渠道共存时，收入差距对废气污染红利的间接影响系数为二者联合引致，从而导致了该计量结果的出现。

（三）回归结果释疑

1. 收入差距对污染红利具有不利直接影响的原因

我国收入差距扩大对污染红利增加之所以有一个不利的直接影响，可能是基于下述原因所致：首先，就污染红利的需求而言，人们只有在满足了基本的生存和生活需要之后才能对较高环境治理产生进一步的追求。在一个收入差距较大的地方，社会将出现多数贫困人口与少数富裕人口。贫困人口由于收入水平低下而不能对高水平的环境治理形成有效需求，他们对低环境质量的容忍度相对较高，从而把污染当作红利使用；少数富裕群体虽然对高环境治理有较强需求，但他们人数不多，加上富裕人群凭借自己的经济条件能通过搬迁等措施来有效规避低环境质量，从而使得人们对低环境治理的容忍性较大（杨树旺等，2006），其对污染红利现象的容忍性也相对较大。其次，就污染红利抑制而言，当面临数量较大的贫困人口时，政府会把发展经济当作重中之重，对经济发展有直接推动作用的基础设施会被政府作为优先投资的对象，而污染红利抑制等社会性公共投资如果过多，则会直接挤压用于经济发展的基础设施投资，故我国较大的收入差距会减少污染红利抑制的投入，使得收入差距扩大带来了污染红利的增加。

2. 收入差距通过传导渠道对污染红利具有不利间接影响的原因

我国收入差距扩大之所以会通过经济增长与结构效应对污染红利增加施加不利的间接影响，其原因可能在于我国经济发展尚处于初级阶段所致。

就结构变化对污染红利的影响而言，已有研究认为：结构效应对污染红利的影响与经济发展阶段有关。格罗斯曼（Grossman，1995）指出，当一个国家的经济处于从农业为主向工业为主转变时，伴随着工业化步伐加快，企业对环境要素的需求日益增加，环境消耗速率开始超过其再生速率，环境质量会随着生产的增加而急转直下。只有当经济发展到一个较高阶段，随着工业结构升级，能源密集型工业为主转变为技术密集型工业为主时，企业对环境要素的需求才开始减少，这个时候的经济发展不再过于依赖能源的开采和消费，而依赖于技术创新、生产率提高与管理方式创新等形式，于是会大大减少对环境生产要素的需求；到了服务业为主的发展阶段，企业对环境生产要素的需求会更少，污染被当作红利使用的行为也会更少。

就经济增长对污染红利的影响而言，学界研究发现，经济增长对污染红利的影响亦与经济发展阶段有关。阿罗等（Arrow et al，1995）曾经指出：不同的产业有不同的污染密度，在经济发展过程中，人们会从清洁的农业经济过渡到肮脏的制造业经济，再由肮脏的制造业经济过渡到清洁的服务经济，这一发展过程使得污染与经济增长关系呈现倒 U 型形状。沙菲克（Shafik，1994）等认为，污染红利受人们对污染红利的需求水平约束，而人们对污染红利的需求则受收入水平制约；当收入水平较低时，人们更加注意食物与其他物质需求而较少注意环境质量，从而导致污染被当作红利使用；在收入的较高阶段，人们才开始对高水平的环境质量产生需求，污染被当作红利使用的现象得到抑制。

可见，结构变化与经济增长对污染红利的影响均与经济发展阶段有关。当经济发展处于较低阶段时，结构变化与经济增长会促进污染红利增加；当经济发展处于较高发展阶段时，结构变化与经济增长会促进污染红利减少。由于我国目前仍处于经济发展的初级阶段，故我国结构变化与经济增长均会导致污染红利增加。而表3－12、表3－14、表3－15的实证研究结果也证实了该推断的正确性。上述三张表格均显示，STR、lnGDP对lnGAS的回归系数均为正值。这说明，由于我国目前仍处于经济发展的初级阶段，其结构效应与经济增长均会带来污染红利增加。因收入差距是经济增长和结构效应的解释变量，使得收入差距会通过二者对污染红利施加一个不利的间接影响。

四、结论与启示

本节就收入差距对污染红利的影响及其机理进行了实证分析，得到了以下研究结论。

首先，本节就收入差距对污染红利影响的存在性进行了分析，表3－12的方程（1）显示，GAP对lnGAS回归系数大小为0.062509，其T统计量为5.155749，P值为0.0512，显著性接近5%。同时，我国东部、中部、西部地区的GAP对lnGAS的回归系数分别为0.059109、0.004104、0.019543，其T统计量的P值分别为0.0741、0.0079、0.0972，三者的P值均在10%范围内显著，说明我国东部、中部、西部地区收入差距程度的增加均会导致污染红利增加。

其次，本节就收入差距影响污染红利的机理进行了分析，结果表明：①收入差距不是贸易开放和技术效应的解释变量，而是经济增长和结构效应的解释变量，故本书将经济增长和结构效应作为收入差距影响污染红利的传导渠道。②逐步回归方式显示，收入差距对污染红利除了有一个直接影响以外，还有一个通过结构效应与经济增长作用的间接影响；残差回归结果显示，收入差距对污染红利的直接影响与间接影响均为不利影响。③由于我国目前仍处于经济发展的初级阶段，结构效应与经济增长均会导致污染红利增加；因收入差距是经济增长和结构效应的解释变量，使得收入差距会通过二者对污染红利有一个不利的间接影响。

本节的研究结论表明：收入差距扩大会导致污染红利增加。因此，为了抑制我国污染红利现象，我们应大力缩小收入差距；同时，鉴于收入差距会通过结构效应与经济增长对污染红利施加间接影响，为此，我们应贯彻适宜的生态投资政策，并大力优化产业结构，以降低结构效应与经济增长对污染红利的负面影响，从而实现我国经济的可持续发展。

第五节　本章小结

本章从环境禀赋转化为污染红利的约束机制、地方政府竞争与污染红利的形成、行政垄断与污染红利的形成、收入差距与污染红利的形成等四个方面考察了我国污染红利的形成机制，得到了以下研究结论。

（1）本章对环境禀赋形成机制与环境禀赋转化为污染红利的约束机制进行了探究。结果表明：①从环境禀赋形成机制视角分析，当区域环境禀赋较高时，其转化为污染红利的潜能相对较强，由于环境禀赋受生产、贸易与技术因素制约，故污染红利也会受生产、贸易与技术制约。②从环境禀赋转化为污染红利的约束机制视角分析，污染红利的形成受经济发展阶段约束。本书的回归结果与上述研究成果总体相符。首先，我国人均收入增加与政府作用有利于抑制污染红利的形成。其次，外贸出口与结构效应则促进了污染红利的形成。最后，尽管技术投入在统计上不显著，但其倾向于抑制污染红利形成。

（2）本章构建了一个地方政府竞争引致污染红利的理论模型。结果表明：①不管是在完全信息条件下还是在不完全信息条件下，由于政府私利的存在，各地方政府均倾向于对污染不进行严格规制，由此导致了政府污染规制乏力。②当政府污染规制乏力时，企业污染红利就会出现；由于地区污染红利由企业污染红利加总而成，故由规制乏力效应所带来的企业污染红利增长会更大幅度地促进地区污染红利增加。本研究随后用我国 2001 ~ 2011 年的省级面板数据对地方政府竞争与污染红利的关系进行了实证检验，结果证实了上述研究结果的正确性。第一，全地区回归结果表明，我国地方政府竞争导致了污染红利的增加。第二，分地区回归结果发现，东部地区、中部地区与西部地区的地方政府竞争均导致了污染红利增加。第三，我国地方政府竞争视角下的污染红利与经济增长的关系不呈现库兹涅茨特征而呈现一种正向的线性关系。

（3）本章就我国地区行政垄断对污染红利的影响进行了分析，并就其影响结果进行了探寻，得到了以下研究结论。①就我国整体而言，地区行政垄断程度的增加会导致污染红利增加。②我国东部、中部、西部地区行政垄断程度的增加均会导致污染红利增加。为了解答上述回归结果出现的原因，研究从财政收入、收入差距、投资三个方面对之进行了探寻。首先，我国行政垄断程度的增加会导致财政收入、收入差距与投资的增加。其次，我国财政收入、收入差距、投资的增加均会导致污染红利增加。由此可见，地区行政垄断作用于污染红利的机理表现为：一方面，地区行政垄断程度的增加会导致财政收入、收入差距与投资的增加；另一方面，财政收入、收入差距与投资增加均会导致污染红利增加。

（4）本章最后就收入差距对污染红利的影响及其机理进行了实证分析，得到了以下研究结论。①本研究就收入差距对污染红利影响的存在性进行了分析，结果表明我国东部、中部、西部地区收入差距程度的增加均会导致污染红利增加。②本研究就收入差距影响污染红利的机理进行了分析，收入差距对污染红利除了有一个直接影响以外，还有一个通过结构效应与经济增长作用的间接影响。③由于我国目前仍处于经济发展的初级阶段，结构效应与经济增长均会导致污染红利增加；因收入差距是经济增长和结构效应的解释变量，使得收入差距会通过二者对污染红利有一个不利的间接影响。

第四章

污染红利对我国经济增长的影响

环境污染要素理论认为，经济增长与环境质量变化之间存在双向作用关系：一方面经济增长会影响着环境质量的变化；另一方面环境变化、污染排放也会作用于经济增长。污染红利作为环境生产要素的一种比较优势，其对我国经济增长是否有影响，如果有，到底具有怎样的影响。显然，已有研究对污染红利影响我国经济经济增长的作用机制着墨不多，有待后续研究对此进行探索。鉴于此，本章就我国污染红利对经济增长的影响进行了探寻。

综合已有研究可以发现，环境变化影响经济增长的作用机制可概括为两类：一是从自然资源的供给方面来考察资源可耗竭性对持续经济增长的制约，如洛佩兹（Lopez，1994）、博芬贝格和斯马尔德斯（Bovenberg and Smulders，1996）等；二是从人们对环境质量的需求方面来考察环境质量需求变化对经济增长的影响，如贝伦子等（Berrens et al.，1997）、卡森等（Carson et al.，1997）、里卡基（Lekakis，2000）等。不言而喻，已有研究为本章有关污染红利对经济增长影响的研究带来了重要启示，相关研究方法可为本章研究所借鉴。

本章结构安排如下。第一节探讨污染红利对经济增长的整体影响；第二节探讨污染红利对工业经济增长的影响；第三节探讨污染红利对中小企业的影响。由于2010年之前为我国污染红利的形成时期，2010年之后为污染红利的抑制时期。由此，本章进行实证分析所用到的数据同样为我国2010年之前的相关数据。

第一节　污染红利促进经济增长的机理

本节构建了一个污染红利影响经济增长的理论框架，并利用我国1985～2010年的相关数据对之进行了实证检验。本节安排如下。第一部分对污染红利影响经济增长的作用机制进行了分析；第二部分用我国经验数据对之实证检验；第三部分则给出研究的结论。

一、理论框架

（一）污染红利对经济增长的直接影响

1. 污染红利影响经济增长的原理

假设某国有生产A产品的行业，该产品的平均价格为P。我们假定，用税收来表示污染红利是否存在。当某国存在污染红利时，则对该产品征收的环境税或排污费比较低；当某国污染红利消失时，则对该产品征收的环境税或排污费较高。假设该国对A产品的需求曲线为D，该行业对A产品的供给曲线为S_1。当存在污染红利时，该国每年生产A产品的数量为Q_1。如果该国对污染红利进行抑制，则意味着该国对污染进行征税或征收排污费，设每单位征税为t，则行业供给曲线向左移至S_t。由于征税后生产成本上升，该国对A产品的生产量下降到Q_2。由此可见，从国内生产角度分析，污染红利影响了经济增长。见图4-1。

2. 污染红利影响经济增长的积累机制

污染红利对经济增长的影响主要通过影响经济主体的成本收益来实现。当某国具有污染红利的比较优势时，则该国政策法律所要求的环境成本内在化程度相对较低，即厂商将为其生产的产品付出的环境代价相对较低，则其生产成本会低于没有污染红利的国家（黄蕙，2001）。污染红利所具有的这种低成本优势又通过替代效应与成本效应而得以强化。污染红利替代效应的主要含义是指由于污染要素价格的相对低廉，企业为了减少成本，就会尽可能地多用污染要素而少用其他价格相对昂贵的要素，这样就造成了污染要素对其他要素的替代，从而使企业生产成本降低。污染红利的成本效应是在各要素价格保持不变的条件下企业资金势力增强所造成的污染红利使用数量的变化。由于具有污染红利，企业得到了总成本相对低廉的实惠，他们能够以较少的成本购买相同甚至更多数量的生产要素，于是低廉的污染要素使用数量会再次增加，从而使得企业成本减少。

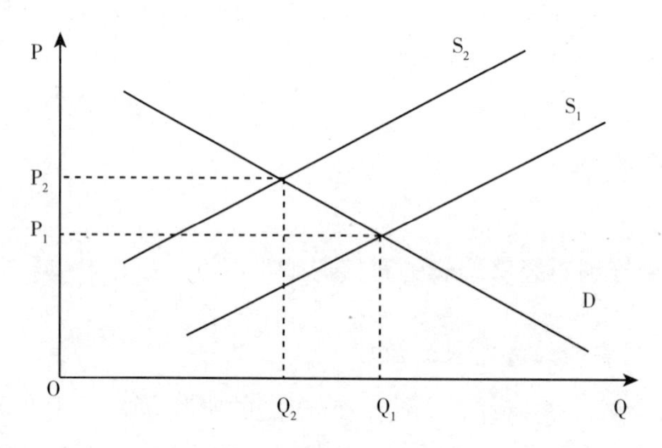

图4-1　污染红利对国内经济增长的影响机制

在一个污染要素低廉的国家，企业因成本降低而扩大生产，这会带来两种形式的经济增长。对单个污染企业而言，如果污染价格低廉，则企业会扩大生产，从而带来地区经济增长，这种因污染红利使单个企业扩大生产所带来的地区经济增长我们称之为企业驱动式增长；另一方面，由于污染要素低廉而导致污染密集型产业利润丰厚，会吸引大量潜在企业进入污染密集型产业，从而使大量污染密集型企业集聚到某个地区，虽然会使该地区的污染十分严重，但整个地区的生产成本随之降低，从而带来地区经济增长，这种增长我们称之为产业驱动型增长。在部分发展中国家，由于经济欠发达，这时政府会尽力扩大对企业的招商引资力度，如果这些国家污染要素相对低廉，污染密集型产业利润丰厚，则大量污染密集型企业就会招进来，而部分企业也会从原来的非污染密集型产业进入到污染密集型产业从事生产，虽然环境破外较为严重，但地区经济增长取得了令人瞩目的成就（张乐才，2011）。

3. 污染红利对经济增长影响的趋势特征

将污染红利纳入一国要素体系，并在产品价格中体现其存在，无疑会给经济发展带来多方面的影响。在经济发展的初步阶段，由于促进经济发展是各类主体所面临的共同任务，此时会存在污染红利，由于污染红利的存在会使得产品的价格竞争力提升，使得一国原有劳动、资本等要素为基础的比较优势发生了改变，从而使一国能在更宽的范围内建立比较优势。

然而，随着经济社会的发展，人类对环境的要求会提高，污染作为一种红利现象将不再存在，此时对环境产生负面影响的产品成本提高，加之严格的污染标准和消费者与日俱增的环保意识，那些对污染影响较大的污染敏感产品，如石油、化工、造纸等产品，因其竞争力和比较优势会下降和削弱，生产将会日益减少；另一方面，对生态环境和人类健康有益的产品将形成“环境比较优势”而更具竞争力。这样，产业结构将具体呈现这样一些变化：①对生态平衡和人类健康有直接危害的产品，如有害废物、危险化学品、濒危物种等，其产生将付出极大的污染代价，最终将退出生产活动；②对环境有间接损害的产品，如含有农药和污染物残余的农产品、有害包装物的商品、矿产、木材等初级产品其制成品和以大量不可再生珍贵资源为原料的产品等，生产量将会下降；③环保产业的兴起使得绿色产品将在产业结构中占据日益重要的地位；④对环保技术及产品需求的增加将使污染处理技术进一步发展，产业结构由资源密集型、劳动密集型向技术、知识密集型转变。

（二）污染红利通过贸易对经济增长的间接影响

1. 污染红利影响产品竞争力

各国污染要素不同，对污染的偏好和需求也不同，这种差异性往往要通过污染标准和污染政策手段表现出来。污染标准是相对于产品生产过程、生产方法而言的，包括两个方面内容：一是产品标准，指产品本身是否保证人群健康和环境的良性循环而对所含成分规定的标准；二是生产过程标准，指产品生产过程中污染物的排放标准。对于污染红利缺乏的国家而言，其污染红利受到抑制，其对产品制定了较低污染标准，为了达到这种较低的污染标准，其厂商就必须投入较多的与污染有关的成本，如原材料的选择、污染物的处理、环境标志、环保包装、各种污染方面的税费等，这样，其产品成本就会较高而降低产品竞争力。对于存在污染红利的国家而言，其污染标准相对较低，在产品成本中污染成本则较低，故其价格相对较低而使得竞争力增强。

2\. 污染红利影响贸易结构

从国际贸易视角分析：根据李嘉图模型，本书用 a_i^x 和 a_j^x 分别表示 X 国生产一单位产品 i 和产品 j 所需的成本，用 a_i^y 和 a_j^y 分别表示 Y 国生产一单位 i 产品和一单位 j 产品的成本。如果 X 国和 Y 国的环境规制相同，即两国均没有把污染当作红利使用，则两国厂商的成本均只有生产成本而没有环境治理成本。假设此时 X 国生产 i 产品的成本相对较低，而 Y 国生产 j 产品的成本相对较低，即 $(a_i^x/a_j^x) < (a_i^y/a_j^y)$，则 X 国将会出口产品 i 而进口产品 j，即 X 国具有生产产品 i 的比较优势。

现在考虑污染红利利用情况。由于要考虑污染红利，我们假设厂商的成本包括生产成本与环境治理成本两个部分，即

$$C = C_p + C_e \tag{4.1}$$

其中 C_p 表示厂商的生产成本，C_e 表示厂商的环境治理成本。假设 $C_e/C_p = t$，于是式（4.1）变为

$$C = C_p(1 + t) \tag{4.2}$$

t 即为污染红利指标。如果污染红利利用强度较小，则 t 较小；如果污染红利利用强度较大，则 t 较大。

由于必须将污染红利考虑进来，故原来比较 (a_i^x/a_j^x) 和 (t_j^y/a_j^y) 的大小就变成了比较 $[a_i^x(1 + t_i^x)]/[a_j^x(1 + t_j^x)]$ 和 $[a_i^y(1 + t_i^y)]/[a_j^y(1 + t_j^y)]$ 的大小。

如果

$$\{[(1 + t_i^x)]/[(1 + t_j^x)]\}/\{[(1 + t_i^y)]/[(1 + t_j^y)]\} < (a_i^x/a_j^x)/(t_j^y/a_j^y)$$

则

$$\{[a_i^x(1 + t_i^x)]/[a_j^x(1 + t_j^x)]\} < \{[a_i^y(1 + t_i^y)]/[a_j^y(1 + t_j^y)]\}$$

于是，原来的比较优势发生了变化。X 国由原来出口 i 产品、进口 j 产品而变成了进口 i 产品、出口 j 产品；Y 国由原来出口 j 产品、进口 i 产品而变

成了进口 j 产品、出口 i 产品。

图 4－2 描述了污染红利对国际贸易的影响。假设 A 国为具有污染红利的国家，B 国为具有人口红利的国家。当两国均处于封闭状态时，A 国会生产污染密集型产品 X，B 国则生产劳动力密集型产品 Y，两国生产与消费的均衡点分别为 E_A、E_B。当两国处于开放条件时，A 国在 E_X 点生产，出口 E_XC 的污染密集型产品 X 而在 E_0 消费；B 国在 E_Y 点生产，出口 E_YD 的劳动密集型产品 Y，也在 E_0 消费。由此可以看出，既然具有污染红利的 A 国出口污染密集型产品，故污染红利对贸易具有显著影响。

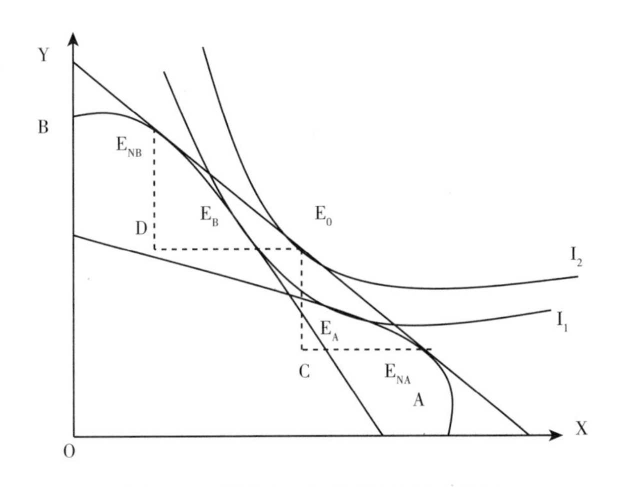

图 4－2　污染红利对贸易的影响机制

上述分析表明，当某国具有污染红利的比较优势时，该国会按照比较优势出口污染密集型产品，从而影响该国的贸易结构，进而影响该国的经济发展与收入水平。故从对外贸易角度分析，污染红利同样会影响一国经济增长。

3. 污染红利引发国际贸易摩擦和争端

在国际贸易领域就污染与贸易问题出现摩擦和争端已经不是什么新鲜事情了，但这些问题从根本上说是由于各国在其贸易产品中，污染要素的体现程度存在差异。一般来说，在贸易产品中，发达国家污染红利受到抑制，其比发展中国家更多地考虑本国的环境，其产品的污染成本高于发展中国家，为了公平竞争和保持本国可持续性，发达国家要求发展中国家采取种种污染抑制政策手段以实现污染控制目标。发达国家厂商认为，由于污染标准不同而造成的产品成本差异使发展中国家享受了不公正的成本优势和市场竞争优势，而使自己处于不利的竞争地位，认为这种低成本的污染标准构成了“生态倾销”。要求统一各国污染标准，并要求政府征收“生态倾销税”或给予本国产品补贴，此外还极力将污染密集产业转移到落后国家。发达国家还认为，既然污染问题已经威胁到人类的生存和发展，国际贸易应优先考虑环保问题，减少污染产品的生产和销售，任何国家不能享受特殊待遇。

但是，发展中国家由于经济技术条件所限而存在污染红利，他们不可能与发达国家站在同一起跑线上，故发展中国家认为不能同发达国家作同样的要求，因为二者发展水平不同。发展中国家认为，发展中国家目前面临的最大挑战是贫困化，要消除贫困，只能优先考虑发展，边发展，边抑制污染红利；发达国家在付出沉重的污染代价之后，经济已获得了高度发展，以降低污染红利为理由限制发展中国家发展经济是不公正的，在贸易问题上，借助环境保护行贸易保护主义就更加有失公允。

发达国家与发展中国家有关的贸易摩擦和争端主要围绕环境标准和污染政策手段，如环境标志、污染管制、绿色关税、环境补贴、国际技术标准、强制性限制措施和环保包装等。可见，具有污染红利的发展中国家在国际贸易中越来越受到发达国家的指控与制裁，使得其贸易受到负面影响，对其国内经济增长也会产生负面影响。

上述分析表明，污染红利对经济增长的影响主要通过影响经济主体的成本收益来实现。企业由于污染红利的使用而具有低成本优势，这种低成本优势又通过替代效应与成本效应而得以强化。污染红利促进经济增长的方式一方面表现为污染红利会对经济增长产生直接影响；另一方面表现为污染红利会影响一国的对外贸易进而影响该国的经济发展与收入水平。

二、基于我国经验数据的实证研究

（一）研究方法、变量选取和数据来源

前面的分析表明，污染红利会影响经济增长。而第三章的分析表明，污染红利的形成亦会受到经济增长约束。可见，污染红利与经济增长具有双向作用机制。一方面，污染红利的形成受到经济增长约束；另一方面，污染红

利对经济增长亦具约束作用。由于污染红利与经济增长两个变量之间存在一种双向作用机制，故本研究决定用冲击响应就污染红利对经济增长的影响进行实证检验。

对于污染红利指标的选取，本书参照莫塔迪（Mohtadi，1996）的标准，用我国历年废水污染排放总量、废气排放总量、工业粉尘排放总量对之进行表征。其中，WATER 表示废水污染红利、GAS 表示废气污染红利、SOLID 表示工业粉尘污染红利。这些数据来源于历年《中国统计年鉴》与我国环保部相关资料。经济增长用人均 GDP 指标来度量，因为与总量收入相比，人均 GDP 更加能够反映出经济发展变化对污染红利的影响，人均 GDP 数据由历年《我国统计年鉴》整理、计算而得。

（二）污染红利与人均 GDP 的冲击响应分析

1. 污染红利与人均 GDP 的 Granger 因果关系检验

（1）单位根检验。

在对变量进行协整分析之前，首先需对变量的平稳性进行检验，只有变量在同阶平稳条件下，才能进行协整分析。在实证中我们通常使用的单位根检验方法是 ADF 检验，其模型有以下三种类型。

一是无常数项、无趋势项的形式：

$$\Delta y_t = (\lambda - 1) y_{t-1} + \sum_{i=1}^{m} \delta_i \Delta y_{t-i} + \varepsilon_t$$

二是有常数项、无趋势项的形式：

$$\Delta y_t = \alpha_t + (\lambda - 1) y_{t-1} + \sum_{i=1}^{m} \delta_i \Delta y_{t-i} + \varepsilon_t$$

三是有常数项、有趋势项的形式：

$$\Delta y_t = \alpha_1 + \alpha_{2t} + (\lambda - 1) y_{t-1} + \sum_{i=1}^{m} \delta_i \Delta y_{t-i} + \varepsilon_t$$

其中，Δ 表示一阶差分，原假设为：H_0：$\lambda = 1$，即 $\{y_t\}$ 为非平稳序列，H_1：$\lambda < 1$，即 $\{y_t\}$ 为平稳序列。检验时从第一种类型开始，然后第二种类型、第三种类型，当检验结果拒绝零假设，原序列不存在单位根，则为平稳

序列，停止检验。其中滞后项的选择依据赤池信息准则（AIC 准则）和施瓦茨准则（SC 准则）来确定。我们采用 ADF 单位根检验方法来检验变量的平稳性。检验结果如表 4－1 所示。

表 4－1　　各变量的 ADF 单位根检验结果

变量	检验形式（C、T、K）	ADF 检验统计量	5%临界值
lnGDP	（0，0，1）	－3.3452	－1.9684
lnWATER	（C，T，1）	－3.2909	－3.6908
ΔlnWATER	（0，0，1）	－3.4865	－1.9614
lnGAS	（0，0，4）	－1.4871	－3.6736
ΔlnGAS	（C，T，1）	－4.0677	－3.6908
lnSOLID	（0，0，4）	－0.6381	－1.9602
ΔlnSOLID	（C，T，1）	－3.8452	－3.7105

注：检验形式（C，T，K）分别表示单位根检验方程包括常数项，时间趋势和滞后阶数，N 是指不包括 C 和 T，最优滞后项阶数由 AIC 准则确定，Δ 表示一阶差分算子。

由表 4－1 可知，本书所选用的三类污染红利指标和人均 GDP 指标全部满足一阶平稳条件，即都属于 I（1），因此可以将三类污染红利指标与人均 GDP 指标进行协整分析。

（2）协整关系检验。

利用乔纳森（Johansen，1988，1991）提出的基于 VAR 方法的协整系统检验，本书分别考察各类环境污染变量与人均工业总产值的长期稳定关系[①]。Johansen 协整检验关键是计算两个统计量：一个是迹统计量 $\lambda_{trace} = -T\sum_{i=r+1}^{n}\ln(1-\lambda_i), r = 0,1,\cdots,n-1$；另一个是最大特征值统计量 $\lambda_{max} = -T\ln(1-\lambda_{r+1})$，$r = 0, 1, \cdots, n-1$，它是检验第 $r+1$ 个特征值 λ_{r+1} 为零的似然比统计量，其中 λ 是根据极大似然估计方法得到的残差矩阵的特征值。三类污染红利与人均 GDP 变化的协整关系检验结果见表 4－2。

① Johansen S. Statistical Analysis of Cointegrating Vectors [J]. Journal of Economic Dynamics andControl, 1988 (12): 231－254; Johansen, S. Estimation and Hypothesis Testing of Cointegrating Vectors in Gaussian Vector Autoregressive models [J]. Econometrica, 1991 (59): 1551－1580; Johansen S. and Juselius K. Maximum Likelihood Estimationand Inference on Cointegration, with Applications to the Demand forMoney [J]. Oxford Bulletin of Economics and Statistics, 1990 (52): 169－210.

表 4－2　　　　三类污染红利与人均 GDP 的协整检验结果

污染变量	滞后阶数	λ_{trace}	5% 临界值	λ_{max}	5% 临界值	协整关系
lnWATER	3	22. 90722	15. 49471	17. 35411	14. 26460	有
		3. 553109	3. 841466	3. 553109	3. 841466	
lnGAS	3	26. 54618	15. 49471	26. 49422	14. 26460	有
		0. 051952	3. 841466	0. 051952	3. 841466	
lnSOLID	3	16. 65055	15. 49471	16. 64230	14. 26460	有

表 4－2 显示，三类污染红利变量都与人均 GDP 指标存在协整关系。这一结果表明，我国经济增长与三类污染红利存在相互影响的约束关系，即经济增长会影响污染红利的形成，而污染红利亦会对经济增长产生制约作用。

（3）Granger 因果关系检验。

根据恩格尔和格兰杰（Engle and Granger，1987）推导出的定理①，如果包含在 VAR 模型中的变量存在协整关系，则我们可以建立包括误差修正项（EC）在内的误差修正模型（ECM），并根据 ECM 模型来判断变量之间的因果关系。包括双变量的误差修正模型的一般形式为：

$$\Delta \text{lned}_t = c_1 + \sum_{i=1}^{p} \alpha_{1i} \Delta \text{lned}_{t-i} + \sum_{i=1}^{p} \delta_{1i} \Delta \text{lngdp} + \gamma_1 EC_{1,t-1} + \varepsilon_{1i} \quad (4.3)$$

$$\Delta \text{lngdp}_t = c_2 + \sum_{i=1}^{p} \alpha_{2i} \Delta \text{lned}_{t-i} + \sum_{i=1}^{p} \delta_{2i} \Delta \text{lngdp} + \gamma_2 EC_{2,t-1} + \varepsilon_{2i} \quad (4.4)$$

其中，lned 代表前述协整分析的三类污染红利的对数值（lnWATER、lnFAS、lnGAS）；$EC_{1,t-1}$、$EC_{2,t-1}$分别表示前述协整检验结果的一阶滞后残差（误差修正项），误差修正项的大小表明了从非均衡向长期均衡状态调整的速度，误差修正项的系数包含了过去的变量值是否影响当前变量值的信息，一个显著的非零系数表明过去的均衡误差在决定当前的结果中扮演了重要的角色。如果变量之间不存在长期协整关系，在进行 Granger 因果检验时，所建立的模型没不误差修正项，而是直接采用以下模型进行检验：

① Engle R，Granger C. Cointegration and ErrorCorrection：Representation，Estimation and Testing [J]. Econometrica，1987（55）：251－276.

$$\Delta lned_t = c_1 + \sum_{i=1}^{p} \alpha_{1i} \Delta lned_{t-i} + \sum_{i=1}^{p} \delta_{1i} \Delta lningdp + \varepsilon_{1i} \quad (4.5)$$

$$\Delta lningdp_t = c_2 + \sum_{i=1}^{p} \alpha_{2i} \Delta lned_{t-i} + \sum_{i=1}^{p} \delta_{2i} \Delta lningdp + \varepsilon_{2i} \quad (4.6)$$

基于上述 VAR 模型估计结果，我们可以对污染红利变量与经济增长之间的因果关系进行判断：如果可以拒绝原假设 $\delta_{1i}=0$，i=1，2，…，n，即 P 值很小，则存在从 lningdp 到 lned 的 Granger 因果关系；同理，如果可以拒绝原假设 $\delta_{2i}=0$；i=1，2，…，n，即 P 值很小，则存在从 Δlned 到 lningdp 的 Granger 因果关系。

由表 4－3 可知，三类污染红利指标均是引起人均 GDP 指标变化的 Granger 原因，其 P 值在 5% 的显著性范围内；人均 GDP 变化也是引起三类污染红利指标变化的 Granger 原因，其 P 值亦在 5% 的显著性范围内，从而再次证明了前面理论分析的正确性。

表 4－3　三类污染红利与人均 GDP 的格兰杰双向因果关系检验结果

污染变量	滞后阶数	Null Hypothesis	F－Statistic	Probability
lnWATER	2	GDP does not Granger Cause lnWATER	4.46926	0.04488
		lnWATER does not Granger Cause GDP	5.70491	0.02511
lnGAS	2	GDP does not Granger Cause lnGAS	16.1596	0.00105
		lnGAS does not Granger Cause GDP	2.34288	0.15166
lnSOLID	2	GDP does not Granger Cause lnSOLID	9.87585	0.00537
		lnSOLID does not Granger Cause GDP	0.20881	0.81538

上述分析表明，从协整关系视角分析，经济增长与三类污染红利存在相互影响的约束关系；从 Granger 因果关系视角分析，三类污染红利指标均与人均 GDP 变化存在相互影响的因果关系，故本研究所提出的理论分析是正确的。

2. 冲击响应分析

（1）VAR 模型。

由于 VAR 模型是有关内生变量对模型全部内生变量的滞后项进行回归，从而估计全部内生变量的动态关系，故本书建立以下 VAR 模型：

$$BX_t = \Gamma_0 + \Gamma_1 X_{t-1} + \Gamma_2 X_{t-2} + \cdots + \Gamma_p X_{t-p} + \varepsilon_t \quad (4.7)$$

其中各变量和参数矩阵表示为：

$$X_t = \begin{bmatrix} \ln GDP_t \\ \ln POLLU_t \end{bmatrix}, B = \begin{bmatrix} 1 & b_{12} \\ b_{21} & 1 \end{bmatrix}, T_0 = \begin{bmatrix} b_{10} \\ b_{20} \end{bmatrix}, \Gamma_1 = \begin{bmatrix} \alpha_{11} & \alpha_{12} \\ \alpha_{21} & \alpha_{22} \end{bmatrix}$$

$$\Gamma_2 = \begin{bmatrix} \beta_{11} & \beta_{12} \\ \beta_{21} & \beta_{22} \end{bmatrix}, \Gamma_p = \begin{bmatrix} \gamma_{11} & \gamma_{12} \\ \gamma_{21} & \gamma_{22} \end{bmatrix}, \varepsilon_t = \begin{bmatrix} \varepsilon_{1t} \\ \varepsilon_{2t} \end{bmatrix}$$

其中，POLLU 为历年废水污染排放、废气污染排放、工业粉尘排放的总称。GDP 表示经济增长。ε_{1t}和 ε_{2t}分别是作用在经济增长和各污染红利指标上的结构式冲击。模型滞后阶数的选取采用 F 统计量、LR 统计量、赤池信息准则（AIC）、施瓦茨准则（SC）、Hannan-Quinn 信息准则联合进行判断。经 EViews 9.0 软件测算，文章最终决定用滞后 2 阶的 VAR 模型来对经济增长和三类污染红利指标进行实证分析，最终 VAR 模型以下式所示：

$$X_t = C_1 + C_2 X_{t-1} + C_3 X_{t-2} + \varepsilon_t \quad (4.8)$$

（2）实证结果分析。

表 4－4 给出了经济增长和三类污染红利指标的 VAR 模型实证结果，括号中的数值为相应变量显著性检验的 t 统计量。表中的第 1、2、3 纵列分别为经济增长产值和废水污染、废气污染、工业粉尘污染三类污染红利指标的 VAR 模型实证结果。从表 4－4 可以看出，我国经济增长产值与三类污染红利指标的动态关系具有以下特点。

表 4－4　污染红利与经济增长的 VAR 模型估计结果

废水红利	废气红利	工业粉尘红利
$X_\alpha = \begin{bmatrix} \ln PDP_t \\ \ln WATER_t \end{bmatrix}$	$X_\beta = \begin{bmatrix} \ln GDP_t \\ \ln GAS_t \end{bmatrix}$	$X_\gamma = \begin{bmatrix} \ln GDP_t \\ \ln SOLID_t \end{bmatrix}$
$\alpha_1 = \begin{bmatrix} -2094.095 & 1.6089 \\ (-2.5799) & (0.7408) \end{bmatrix}$	$\beta_1 = \begin{bmatrix} 148.34 & -835.46 \\ (2.3412) & (-3.0571) \end{bmatrix}$	$\gamma_1 = \begin{bmatrix} 626.12 & 0.6371 \\ (2.4726) & (0.3657) \end{bmatrix}$
$\alpha_2 = \begin{bmatrix} 1.6291 & 54.1649 \\ (9.3355) & (0.3946) \\ -0.0004 & 0.2760 \\ (-3.3598) & (4.2259) \end{bmatrix}$	$\beta_2 = \begin{bmatrix} 1.5760 & -0.0225 \\ (9.7486) & (-3.1382) \\ -0.9195 & 0.6669 \\ (-0.4556) & (2.7001) \end{bmatrix}$	$\gamma_2 = \begin{bmatrix} 1.3593 & -87.216 \\ (6.8215) & (-2.5342) \\ 0.0013 & 0.8922 \\ (2.9442) & (3.7686) \end{bmatrix}$

续表

废水红利	废气红利	工业粉尘红利
$\alpha_3=\begin{bmatrix}-0.6973 & 140.73\\(-4.0094) & (1.0142)\\0.0005 & 0.5772\\(4.6888) & (2.5383)\end{bmatrix}$	$\beta_3=\begin{bmatrix}-0.6619 & 0.0424\\(-4.0906) & (2.8898)\\1.5280 & 0.4257\\(0.7571) & (2.5218)\end{bmatrix}$	$\gamma_3=\begin{bmatrix}-0.5152 & 5.2504\\(-3.1471) & (2.1222)\\-0.0014 & -0.1303\\(-2.2500) & (-2.4410)\end{bmatrix}$

第一，三类污染红利指标对经济增长产值的影响。首先，从废水污染对经济增长产值影响的视角分析，表4-4第1列的计量结果显示：$lnWATER_{t-1}$和$lnWATER_{t-2}$对$lnPGDP_t$的影响系数分别为0.0005、0.5772，二者的t统计量分别为4.6888、2.5383，均在5%显著性水平。故就废水污染而言，污染红利为经济增长的解释变量。其次，表4-4第2列数值显示，$lnGAS_{t-1}$和$lnGAS_{t-2}$对$lnPGDP_t$的影响系数也在5%的范围内显著，说明废气红利是经济增长的解释变量；第3列数值显示，工业粉尘红利也是经济增长的解释变量。

第二，经济增长产值对三类污染红利指标的影响。首先，从经济增长对废水红利影响的视角分析，表4-4第1列数值显示：$lnPGDP_{t-1}$与$lnWATER_{t-1}$对$lnWATER_t$的影响系数分别为0.0004、0.2760，二者的t统计量分别为3.3598、4.2259，均在5%的显著性范围；$lnPGDP_{t-2}$与$lnWATER_{t-2}$对$lnWATER_t$影响系数分别为0.0005、0.5772，二者的t统计量亦在5%的显著性范围。说明从废水污染角度分析，经济增长是废水污染红利的解释变量。同理可得出，表4-4第2列数值显示，经济增长是废气污染红利的解释变量；表4-4第3列数值显示，经济增长亦为工业粉尘污染公里的解释变量。

上述实证结果表明，由于经济增长为废水污染、废气污染、工业粉尘污染的解释变量，故污染红利具有促进经济增长的效应。

（三）污染红利对经济增长影响的弹性系数

1. *实证研究方法*

本书采用以下计量模型来度量污染红利对经济增长的影响系数：

$$\ln(GDP) = cBONUS + \mu \tag{4.9}$$

其中，GDP 表示经济增长，BONUS 表示污染红利指标，QUI 表示人口质量指标。根据前述分析，污染红利又可以分为废水红利、废气红利、工业粉尘红利三个指标，因此，上述回归方程又由如下形式表达：

$$\ln(GDP) = \alpha \ln WATER + \beta \ln GAS + \gamma \ln SOLID + \mu \tag{4.10}$$

其中，μ 为残差项。各系数 α、β、γ，分别表示其所代表的变量对因变量 GDP 的影响程度。

2. *污染红利对经济增长影响的 OLS 回归*

从总体看，方程估计结果良好，符合理论预期。方程的可决系数（R^2）为 0.9846，调整后的可决系数为 0.9762，表明回归拟合较好；DW 统计量为 2.0247，表明各变量的序列相关性较小；F 统计量为 117.0721，表明方程的整体回归系数比较显著；模型的总体相伴概率为 0.0000，通过了 1% 的显著性水平检验，说明修改后的回归方程整体效果较好。

lnWATER 对 lnGDP 的回归符号为正，表示我国废水红利对区域经济增长有一个正向影响。表 4-5 显示，废水红利对经济增长回归系数的 T 统计量为 7.9882，其 P 值为 0.0000，其 P 值在 5% 范围显著，故废水红利增加是影响经济增长的解释变量。表 4-5 显示，废水红利对经济增长的弹性系数为 0.118114，说明废水红利每增加 1%，经济就增长 0.118114%。

lnGAS 对 lnGDP 的影响为正，表示废气红利的增加对经济增长有正向影响。表 4-5 表明，废气红利对 GDP 回归系数的 T 统计量为 3.01133，其 P 值为 0.0036，其 P 值在 1% 范围显著，故废气是影响 GDP 的重要解释变量。表 4-5 的回归结果表明，废气红利对经济增长的弹性系数为 0.209922，说明废气红利每增加 1%，经济增长就增长 0.209922%。

lnSOLID 对 lnGDP 的回归符号为正，表示工业粉尘红利增加会带来区域经济增长，该结论也与我们前面的分析相符。表 4-5 表明，工业粉尘对经济增长回归系数的 T 统计量为 4.2235，其 P 值为 0.0481，其 P 值在 5% 范围显著，工业粉尘红利是经济增长的重要解释变量。本书的回归结果表明，工业粉尘红利对经济增长的弹性系数为 0.1023，说明工业粉尘红利每增加 1%，经济增长就增长 0.1023%。

表 4-5　　污染红利对经济增长影响的 OLS 回归

调整变量：18				
迭代 12 次收敛				
变量	系数	标准差	t 统计量	P 值
C	-7.957275	3.367674	-2.362840	0.0376
lnWATER	0.118114	0.017911	3.011338	0.0036
lnGAS	0.209922	0.376767	7.988812	0.0000
lnSOLID	0.102340	0.108986	4.223587	0.0481
AR（1）	0.311332	0.264154	3.178598	0.0634
AR（2）	0.231637	0.268767	3.978056	0.0735
R^2	0.984582	因变量		14.96110
调整的 R^2	0.976172	因变量 S、D 值		0.989807
S.E. 的回归	0.152791	赤池信息标准		0.634187
德宾沃寿统计	2.024652	P 值（F 统计量）		0.000000

三、结论

本节就污染红利对经济增长的影响进行了分析，得到了以下主要研究结论。

首先，污染红利对经济增长的影响效应表现为污染红利一方面会导致企业扩大生产规模，另一方面会改变贸易结构。①污染红利影响生产规模的机制表现为其通过影响经济主体的成本收益来实现。当某国具有污染红利的比较优势时，该国政策法律所要求的环境成本内在化程度相对较低，其生产成本会低于没有污染红利的国家，因而该国企业会扩大生产；污染红利所具有的这种低成本效应会通过替代效应与成本效应而得以强化，低廉的污染要素使用数量会再次增加，从而使得企业成本更少，因而会进一步扩大生产。②污染红利影响贸易的机制表现为其通过降低企业成本，增强企业竞争力的方式实现；当某国具有污染红利的比较优势时，该国会按照比较优势出口污染密集型产品，从而影响该国的贸易结构。

为了验证污染红利是否存在经济引擎效应，本节以我国经验数据为样本进行了实证分析，得到了以下结论：首先，协整分析与格兰杰因果分析表明，废气红利、废水红利与工业粉尘红利均是经济增长的解释变量，而经济增长亦是三者的解释变量。其次，VAR 回归分析同样表明，废气红利、废水红利与工业粉尘红利均是经济增长的解释变量。最后，OLS 回归分析表明：废水红利、废气红利、工业粉尘红利对经济增长回归系数的 T 统计量的 P 值均在 5% 范围显著，故三者均是影响经济增长的重要解释变量；同时，三个污染红利指标对经济增长的回归符号为正，表明三个污染红利均促进了区域经济增长。比较其系数大小可以发现，工业粉尘红利对经济增长的影响系数最小，废水红利次之，废气红利对经济增长的影响系数最大。说明我国应优先加强对废气污染红利的抑制。

本研究表明，由于污染红利在我国具有经济引擎作用，从而使得我国抑制污染红利的难度较大，这也是我国部分地方政府治污不力的主要原因。因此，为了彻底治理我国的环境污染，我国应摒弃以 GDP 增长为考核指标的地方政府政绩制度，让地方政府放弃顾虑，真正回归到彻底治理环境污染的正确道路上来。

第二节　污染红利对我国工业经济增长的影响

一、理论分析框架

（一）污染红利会促使污染密集型产业增长

1. 污染密集型产业概念

污染密集型产业是指在生产过程中若不加以治理则会直接或间接产生大量污染物的产业。这些污染物对人类、动植物生命或健康有害，促使环境恶化，影响生态质量；另外，在生产过程中，工人的安全和健康受到威胁或明显受到影响。这些产业具有下列特征：产生大量污染物，对生态环境及人类与生物的危害较大；生产技术和过程较复杂，运行过程对工人安全和健康产生威胁；处理和污染防治有一定难度，所需费用很大，营运成本较高，需大量的资本、技术和管理资源来建立合理的污染防治和处理系统；是环境管理政策和法规关注的重点。一些产业因产生严重污染，被称为严重污染密集产业，其主要特征是：产生大量的危险废物，特别是化学污染物；污染防治较为困难，成本很高，需要巨额资金；需高度复杂的生产与处置技术；运行过程直接危及工人健康与生命安全（夏友富，1995，1999）。

夏友富（1995）认为，污染密集产业应包括：煤炭采选业；石油开采、加工、炼焦—石油化工；黑色金属矿采选业、冶炼；有色金属矿采选、冶炼；某些非金属矿采选业及部分非金属矿物制品；食品加工业中的植物油加工业、制糖业；食品制造业中的发酵制品业、罐头食品制造业、调味品制造业；饮料制造业中的酒精及饮料酒制造业；纺织印染业；制鞋业（不包括布鞋）；皮革、毛皮、羽绒及其制品业；造纸及纸制品业；火力发电业；化学原料及化学制品制造业；医药制造业；化学纤维制造业；橡胶制品；部分塑料制品；部分金属制品；部分机械产品制造业；部分电气机械及器材；电子及通信设备制造业中的部分产品等。夏友富还认为，严重污染密集型产业主要包括：纺织印染业；制革与毛皮鞣制业；造纸业；化学原料及化学制品制造业中的化学农药、有机化学品、基本化学品、化肥、某些专用化学品及日用化学品（如肥皂、皂粉、合成洗涤剂、化妆品、香料及香精制造等）；制药业中化学药品原药与制剂制造；火力发电业；石油开采、加工、炼焦业；电镀等金属表面处理；部分非金属矿物制品（如水泥、石棉制品、玻璃、陶瓷）；煤洗选、部分有色金属产品采选、冶炼；味精、酱油、食醋等食品制造业；制糖业等食品加工业；酒精及饮料酒制造；电子行业某些产品制造，如电路板等；化学纤维制造业。

赵细康（2003）考虑到许多国家的法规及有关工业部门对环境实际影响及我国现实状况，根据相关公式和计算方法计算出我国各产业污染排放强度系数。他依据总排放强度的大小对污染强度进行分类，将污染密集产业分为重污染密集产业、中度污染密集产业和轻污染密集产业。重点污染密集产业包括：电力、煤气及水的生产供应业、采掘业、造纸及纸品业、水泥制造业、非金属矿物制造业、黑金属冶炼及压延工业、化工原料及化学品制造业。中度污染密集产业包括：有色金属冶炼及压延工业、化学纤维制造业。轻污染密集产业包括：食品、烟草及饮料制造业、医药制造业、石油加工及炼焦业、纺织业、皮革、毛皮、羽绒及制品业、橡胶制品业、金属制品业、印刷业记录媒介的复制、机械、电器、电子设备制造业、塑料制品业。

2. 污染红利会带来污染密集型产业增长

我国企业多为中小企业，这些中小企业是我国污染密集型产业聚集的重要原因。企业选择进入某个行业时，要对收益与生产成本进行估算，只要平均成本小于平均收益能使厂商获得一定的利润，厂商就会选择进入该行业。中小企业由于规模较小，在生产中很难实现规模经济，因此与大型企业相比，中小企业在成本上处于劣势。

如图4－3所示，纵坐标P表示产品价格，横坐标Q代表产品数量，直线DD是市场对中小企业产品的需求曲线。由于中小企业市场势力弱，对价格的影响较小，企业面对的需求曲线可假定为一直线。中小企业在市场中被动地接受价格，所以产品市场销售价格即为企业单个产品的收益，因此该直线也是中小企业的平均收益曲线。AC是企业的私人平均成本曲线，由于中小企业规模较小，企业的生产量很难达到平均成本曲线的底部。因此假定中小企业的生产量在C点的产量为Q_0。AK是将抑制污染红利成本考虑进来的社会平均成本曲线，AK较AC有较大幅度的上升。

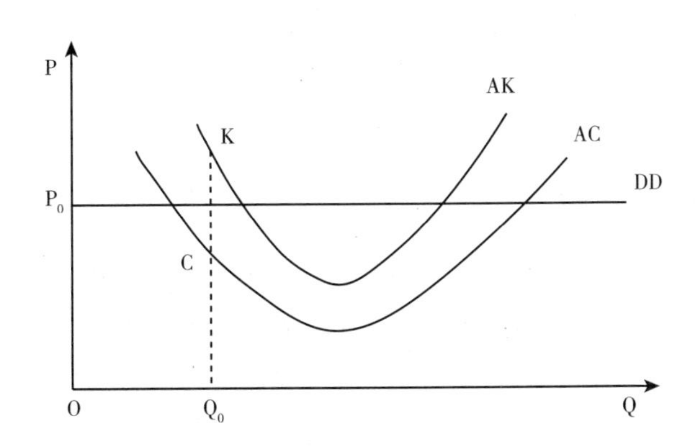

图4－3　中小企业污染红利抑制成本的比较

在图4－4中，横坐标Q表示污染红利数量，纵坐标C表示抑制污染红利的成本。可以看出，是否承担抑制污染红利成本影响到中小企业能否进入一个行业。承担抑制污染红利成本的 B 点处平均成本超过了企业的平均收益，企业进入行业面临亏损。而不承担抑制污染红利成本的 A 点处的平均成本小于企业的平均收益，企业进入行业可以盈利。

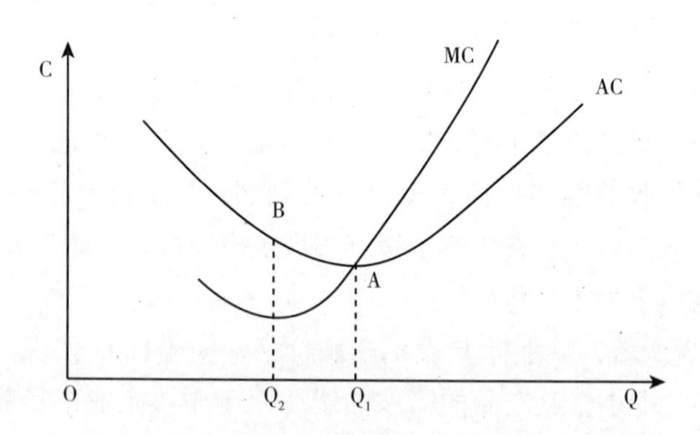

图 4－4　中小企业污染红利抑制成本与平均收益

在不同的行业，治污引起的成本增加幅度存在差异。如第三产业中的大多数企业本身不存在污染，中小企业要在市场竞争中获得优势必须通过提高服务质量等途径。而高污染行业抑制污染红利引起的成本增加幅度较大，即 AK 向上移的幅度较大。抑制污染红利引起成本大幅度提高为中小企业提供了较大企业难以获得的优势。因此中小企业在污染密集型行业可以通过不承担污染红利抑制成本弥补其缺乏规模效益的弱点，从而在成本上处于优势。这是中小企业在污染密集型行业中聚集并得以迅速发展的主要原因。

（二）污染密集型产业在我国工业经济中占主导地位

改革开放后，我国的三次产业结构发生了显著的变化。农业比重明显下降；工业比重稳步提高，对 GDP 的贡献率基本上在 60% 以上，个别年份甚至达到了 70%；服务业对 GDP 的贡献率逐年增加。综合分析可以发现，工业是拉动经济增长的主导力量，第三产业虽然发展迅速，但对经济增长的拉动作用还相当有限。我国工业对经济增长的贡献率当中，近 3/4 来自制造业，重化工业等污染密集型产业加速发展的特点十分明显。

从《中国工业统计年鉴》可以看出，目前我国的制造业主要为钢铁、纺织业、服装与鞋帽制造业、化学原料及化学制品制造业、医药制造业、化学纤维制造业、塑料制品业、通用设备制造业、专用设备制造业、电气机械及器材制造业、通信设备、计算机及其他。根据前面对污染密集型产业的分类标准可以看出，除了通信设备、计算机及其他行业外，我国制造业多为污染密集型产业，其中纺织印染业，医药制造业，化学原料及化学制品制造业等为严重污染密集产业。污染密集产业产值越大，优势越强，所排放的污染就越多，对环境造成的污染也就越严重。因此，进一步分析我国污染密集型产业各行业的强弱状况无疑有助于我们进一步了解我国环境污染产生的产业方面的原因。

任何地区的有效核心优势总是通过一定的优势产业或优势产业群体来体现的。区域优势产业属于资源配置范畴，表示某一地区在某种产业的全省或全国总量中占有较大的比重，具有明显的区位优势，这种优势可以通过产业的区位商来衡量。区位商模型为：

$$Q_k = (e_j^k/e_j)/(E_j^k/E_j) \tag{4.11}$$

其中，Q_k 是区位商，e_j 是第 j 个区域的总产值，是 j 区域内第 k 个产业部门的产值，E_j 是大区域的工业产值，是大区域内第 k 个产业部门的产值。区位商表示的是 j 地区 k 行业占大区域同业的比重与地区总产值占大区域总产值的比重之比。如果 j 地区 k 行业的比重相对于本地区总产值占大区域总产值的比重比较大，意味着 j 地区 k 行业上具有优势地位。

区位商反映了区域 j 在大区域 k 产业中的重要性。当某一产业的区位商大于 1 时，则表明该产业专业化程度比较高，专业化率比较高也就意味着该产业生产较为集中，具有相对规模优势，在整个区域中具有一定的比较优势。反之，则该产业的专业化率比较低。对污染密集型产业而言，区位商越高也就意味着其对环境破外的能力越强。

通过 2010 年《中国工业统计年鉴》，我们计算了我国 2009 年的工业产业区位商，结果见表 4 - 6。根据该表可以发现，我国的黑色金属矿采选业、其他矿采选业、纺织业、化学纤维制造业、有色金属矿采选业、有色金属冶炼及压延加工业、专用设备制造业、家具制造业、普通机械制造业是区位优势行业。

表4－6　　我国污染密集型产业区位商

排污强度	行　业	区位商	排污强度	行　业	区位商
1	电力、热力的生产和供应业	1.073	20	金属制品业	0.863
2	非金属矿物制品业	1.168	21	木材加工及木竹藤棕草制品业	1.145
3	造纸及纸制品业	0.84	22	其他采矿业	1.795
4	有色金属矿采选业	1.478	23	橡胶制品业	1.103
5	黑色金属冶炼及压延加工业	1.138	24	石油和天然气开采业	1.5
6	黑色金属矿采选业	1.38	25	通用设备制造业	0.845
7	化学原料及化学制品制造业	0.895	26	交通运输设备制造业	1.045
8	煤炭开采和采选业	1.585	27	通信计算机及其他电子设备制造业	0.61
9	纺织业	0.605	28	燃气生产和供应业	1.305
10	石油加工、炼焦及核燃料加工业	1.22	29	纺织服装、鞋、帽制造业	0.73
11	有色金属冶炼及压延加工业	1.155	30	专用设备制造业	1.02
12	饮料制造业	1.195	31	塑料制品业	0.678
13	农副食品加工业	1.27	32	仪器仪表及文化办公用机械制造业	0.58
14	水的生产和供应业	1.193	33	烟草制品业	1.245
15	化学纤维制造业	0.448	34	工艺品及其他制造业	0.428
16	食品制造业	1.08	35	废弃资源和废旧材料回收加工业	1.015
17	医药制造业	1.113	36	家具制造业	0.89
18	非金属矿采选业	1.3	37	印刷业和记录媒介的复制	0.858
19	皮革毛皮羽毛（绒）及其制品业	0.745	38	电气机械及器材制造业	0.803

资料来源：中国工业统计年鉴（2010）[M]. 北京：中国统计出版社，2010。

上述分析表明：由于污染红利会导致污染密集型产业增长，而污染密集型产业在我国工业产业中占有重要地位，故污染红利会导致我国工业经济增长。

二、污染红利导致工业经济增长的实证分析

前面的分析说明，污染红利会导致工业经济增长。本部分的主要目的是对这个结论进行实证检验，以便探索我国经验数据是否支持所得出的结论。

本书同样采用废水排放量、废气排放量和工业粉尘排放量来作为污染红利的工具变量。本书的人均收入指标用人均 GDP 来度量。文章污染红利的数据来源由相应各年度《中国统计年鉴》与《中国环境统计公报》整理并计算而得；人均工业产量、工业经济增长指数、工业贸易产量等数据由历年《中国工业统计年鉴》整理而得。本书所用数据的时间跨度为 1992 ~ 2010 年的时间序列数据。

（一）污染红利与工业产业竞争力的相关性分析

1. 环境与产业竞争力关系概述

学术界对环境与产业竞争力的关系一般有三种基本认识，并依此提出三种相关理论假设。

首先，环境竞次理论。该理论认为，不同国家或地区间对待环境政策强度和实施环境标准的行为类似于“公地悲剧”的发生过程，其逻辑基础是“囚徒困境”，即每个国家都担心他国采取比本国更低的环境标准而使本国的工业失去竞争优势，为避免遭受竞争损害，国家之间会竞相采取比他国更低的环境标准和次优的环境政策，最后的结果是每个国家都会采取比没有国际经济竞争时更低的环境标准，从而加剧全球环境恶化。应当说，该观点与我国污染红利使用现状是相一致的。然而，无论是发达国家还是发展中国家，其目前实施的环境标准比过去均有了不同程度的提高，这说明环境竞次理论只能发生在经济发展的早期阶段。当然，该理论所描述的问题在一定程度上也是客观存在的，尤其是在发达国家之间的早期阶段，这种情形会经常发生。

其次，污染避难所假说。该理论与环境竞次理论有着一定的联系，但侧重点不同。其基本逻辑为：如果在实行不同环境政策强度和环境标准的国家间存在着自由的贸易，那么，实行低环境政策强度和低环境标准的国家，由于其外部性内部化的差异，而使该国企业所承受的环境成本相对要低。这种由成本差异所产生的“拉力”，无疑会吸引国外的企业到该国安家落户，尤其是对于环境敏感型产业（企业）和那些“自由自在”的企业，这种影响会更加强烈。目前，发展中国家的环境政策强度和环境标准相对来说要低于发达国家，依据该假说的推论，发展中国家也就因此变为世界污染和污染产业的“避难所”。

最后，波特假说。与前两种观点不同，波特等认为，短期来看，实施严厉的环境保护政策确实会使企业的成本有所提高，并影响企业的竞争力。但是，长期意义上，由于环境压力的刺激，企业在进行环境投资改造的同时，也在进行技术改造、技术革新和管理创新，从而使企业的竞争力得以大大提高。范·比尔斯和范登·伯格（Van Beers and Van Den Bergh）认为，即使出现相关产品的出口减少和进口增加现象，政府仍可以通过干预措施加以协调解决。比如，对重污染产业实施补贴，对进口商品实施限制。环境条件改善后，当地居民工作积极性会提高；再则，由于疾病的减少和工人健康状况的改善，企业的生产成本也会相应降低。所以，许多学者认为，这些积极因素的作用会大大抵消成本增加的不利影响（肖红和郭丽娟，2006）。

2. 我国工业产业竞争力及其评价指标

产业竞争力的评价应该从产业竞争力的影响因素、表现形式和能力的发挥等方面入手，并按照综合评价的方法，进行指标的筛选。目前国际上对产业竞争力的评价主要从两个方面进行，即竞争结果分析和比较优势分析。其中，竞争结果指标主要有三种：市场占有率、利润率和固定市场份额。比较优势指标主要有显示性比较优势指数、贸易专业化系数、劳动密集度指数、出口优势变差指数等。由于相关数据收集有一定难度，本书选取以上竞争力评价指标的三种，工业经济增长指数、贸易专业化系数、出口优势变差指数来对我国工业产业竞争力进行综合评价，并分别与环境保护强度做相关分析。

（1）工业经济增长指数。

工业经济增长指数是反映不同时期（作为比较基础的时期叫基期，与之进行对比的时期叫报告期或计算期）工业经济增长水平变动方向和变动程度的相对数。工业经济增长指数通常用百分比表示，说明计算期比基期工业经济水平上升或下降百分之若干。因为指数必然用百分比的形式表示，所以不再在指数后使用百分比符号（%）。一般的基期工业经济指数为100，当计算期指数大于100时，表明计算期工业经济水平比基期上升。例如：计算期工业经济增长指数为102.5，就是说工业经济增长水平比基期上升2.5%；当计算期指数小于100时，表明计算期工业经济水平比基期下降。

（2）贸易专业化系数。

贸易专业化系数（TSC），表示一国或地区净出口差额占进出口总额的比重，是分析行业结构国际竞争力的一种有力工具。TSC 能够反映相对于世界市场上由其他国家所供应的一种产品而言，本国或本地区生产的同类产品是处于效率的竞争优势还是竞争劣势以及其优劣势的程度。其计算方法如下：

$$TSC_i = (EV_i - IV_i)/(EV_i + IV_I) \tag{4.12}$$

其中，TSC 表示贸易专业化系数，在一定程度上反映了一个地区某产业的贸易竞争力，其取值落在［-1，+1］之间。TSC 系数的值趋于-1，表明该地区该产品在国际市场上的竞争力很弱。TSC 系数趋于 0，说明双方因产品差异化而各有竞争优势。TSC 系数趋于 1，表明该地区该产品在国际市场上具有较强的竞争力。因此用贸易专业化系数指标可以看出一国或地区在国际市场上的分工地位，该指标常常被用来衡量贸易水平分工度。

（3）出口优势变差指数。

出口优势变差指数（VDE）主要描述产品出口增长速度与国家或地区出口贸易平均增长速度相比的快慢程度，也是组成产业国际竞争力的一个方面。

$$VDE_i = (\Delta EV_i - \Delta EV_t) \times 100\% \tag{4.13}$$

其中，VDE_i 表示出口优势变差指数，ΔEV_i 为产品 i 的出口增长率，ΔEV_t为总的外贸出口增长率。

2. 我国污染红利与工业产业竞争力的相关性分析

首先，污染红利与工业产业专业化水平的关系。通过将各污染红利与工业产业竞争力作了相关性分析，结果见于表 4-7。从表 4-7 可以看出，三类污染红利与工业经济增长指数的相关系数 r 为正直，说明两者正相关。反映出随着污染红利使用力度增大，工业经济增长指数增加。

表 4-7　　　　污染红利与工业产业竞争力关系

指标	INDEX	TSC	VDE
WATER	0.95	0.86	0.83
GAS	0.927	0.83	0.76
SOLID	0.910	0.76	0.88

资料来源：表中数据由 EViews 软件计算并经笔者整理而得。

其次，污染红利与工业贸易专业化指数的关系。从下表可以看出，我国三类污染红利使用强度的提高对我国贸易增长具有增大作用，两者呈现正相关的关系，不过，这种正相关的数值也没有超过90%。这说明，除了本书所提到的三类污染红利的影响以外，还有其他变量也对我国工业贸易专业化指数产生较大的影响。

最后，污染红利与工业出口优势变差指数的关系。通过表1可知，出口优势变差指数与三类污染红利的相关系数均大于0，说明我国出口优势变差指数和三类污染红利之间呈正相关关系。然而，这种正相关的数值也没有超过90%。这同样说明，除了本书所提到的三类污染红利的影响以外，还有其他变量也对我国工业贸易专业化指数产生较大的影响。

（二）污染红利与工业产业的冲击响应分析

1. 污染密集型产业增长与环境污染的协整分析

（1）单位根检验。

由表4－8可见，人均工业总产值变量满足一阶平稳条件，在本书所选用的三类污染红利指标中，全部满足一阶平稳条件，即都属于I(1)，因此可以全部进行协整分析。

表4－8　　　　ADF单位根检验结果

变量	检验形式（C、T、K）	ADF检验统计量	5%临界值
lnINGDP	（0，0，1）	－0.9693	－1.9614
ΔlnINGDP	（C，T，1）	－3.8873	－3.7105
lnWATER	（C，T，1）	－3.2909	－3.6908
ΔlnWATER	（0，0，1）	－3.4865	－1.9614
lnGAS	（0，0，4）	－0.6381	－1.9602
ΔlnGAS	（C，T，1）	－3.8452	－3.7105
lnSOLID	（0，0，4）	－0.8071	－1.9602
ΔlnSOLID	（C，T，1）	－4.1526	－3.6908

（2）协整关系检验。

由表4－9协整检验结果我们可以得到以下结论：在本书所选取的三类污

染红利指标都与 lnINGDP 之间存在协整关系。

表 4-9　　三类污染红利变量与人均工业总产值的协整检验结果

污染变量	滞后阶数	λ_{trace}	5%临界值	λ_{max}	5%临界值	协整关系
lnWATER	3	33.64555	15.49471	30.98244	14.26460	有
		2.663104	3.841466	2.663104	3.841466	
lnGAS	2	21.89960	15.49471	18.72732	14.26460	有
		3.172276	3.841466	3.172276	3.841466	
lnSOLID	2	23.12753	15.49471	22.24688	14.26460	有
		0.880645	3.841466	0.880645	3.841466	

（3）Granger 因果关系检验。

由 Granger 检验结果（见表 4-10）可得到以下结论：在本书所选取的三类污染红利指标中，人均工业总产值变化是引起三类污染红利指标变化的 Granger 原因，而三类污染红利指标变化也是引起人均工业总产值变化的 Granger 原因。

表 4-10　　三类污染红利变量与 lnINGDP 的 Granger 双向因果关系检验结果

污染变量	滞后阶数	Null Hypothesis	F-Statistic	Probability
lnWATER	2	lnINGDP does not Granger Cause lnWATER	7.30339	0.00703
		lnWATER does not Granger Cause lnINGD	3.37722	0.05150
lnGAS	2	lnINGDP does not Granger Cause lnGAS	3.47064	0.06198
		lnGAS does not Granger Cause lnINGDP	5.25791	0.02122
lnSOLID	2	lnINGDP does not Granger Cause lnSOLID	3.01468	0.08088
		lnSOLID does not Granger Cause lnINGDP	3.02652	0.02176

2. 污染红利与工业经济的脉冲响应分析

脉冲响应函数描述了在扰动项上加一个一次性冲击后，对内生变量当前与未来值所带来的影响。在 VAR 模型中，通过变量之间的动态结构，对以后的各变量将产生一系列连锁变动效应。

对于任何一个 VAR 模型都可以表示成为一个无限阶的向量 MA(∞) 过程。

$$Y_{t+s} = U_{t+s} + \psi_1 U_{t+s-1} + \psi_2 U_{t+s-2} + \cdots + \psi_s U_t + \cdots \quad (4.14)$$

$$\psi_s = (\partial Y_{t+s})/(\partial U_t) \quad (4.15)$$

ψ_s 中第 i 行第 j 列元素表示的是，令其他误差项在任何时期都不变的条件下，当第 j 个变量 y_{jt} 对应的误差项 u_{jt} 在 t 期受到一个单位的冲击后，对第 i 个内生变量 y_{jt} 在 t 期造成的影响。把 ψ_s 中第 i 行第 j 列元素看作是滞后期 s 的函数 $(\partial y_{i,t+s})/(\partial u_{jt})$，s = 1，2，3，…。

在实际应用中，一般根据 F 统计量、似然比统计量、赤池（Akaike）信息准则（AIC）、施瓦茨（Schwartz）准则（SC）、Hannan-Quinn 信息准则等 5 种统计方法联合确定模型的滞后阶数。

本书的脉冲响应分析考察三类污染红利指标与人均工业总产值的冲击响应分析，其中冲击标准差由蒙特卡罗模拟方法得到；同时考虑到本书样本数据容量，将冲击响应期设定为 10 期。

（1）废水排放与人均工业总产值增长。观察表 4－11 第 2 列模拟结果可以发现，在整个冲击响应期内 lnWATER 对当期 lnINGDP 一个单位冲击的反应曲线大致呈现 N 型：lnWATER 的当期反应为 0，其后反映均为正值，在第 3 期达到最大。计算在分析期内 lnWATER 的累计反应值（accumulated response）可发现，当期 lnINGDP 冲击对 lnWATER 的总体影响为 0.494708。分析 lnINGDP 对 lnWATER 的冲击反应曲线可发现其大致为 U 型曲线，各期冲击反应值大致保持在 0.06～0.11 的范围内，计算其累计冲击响应值为 0.798356，表明废水红利增加对人均工业总产值增长产生正面效应。

表 4－11 lnWATER、lnGAS、lnSOLID 与 lnINGDP 的冲击响应分析结果

冲击反应期	lnWATER to lnINGDP	lnINGDP to lnWATER	lnGAS to lnINGDP	lnINGDP to lnGAS	lnSOLID to lnINGDP	lnINGDP to lnSOLID
1	0.000000	0.031338	0.000000	0.022864	0.000000	0.056667
2	0.096720	0.062350	0.198672	0.065472	0.328637	0.116385
3	0.128335	0.096852	0.276935	0.114548	0.433639	0.156244
4	0.101406	0.115604	0.193368	0.145289	0.395761	0.173776
5	0.059055	0.114408	0.030107	0.146530	0.276303	0.172211
6	0.029371	0.101046	-0.109865	0.124325	0.133697	0.158041

续表

冲击反应期	lnWATER to lnINGDP	lnINGDP to lnWATER	lnGAS to lnINGDP	lnINGDP to lnGAS	lnSOLID to lnINGDP	lnINGDP to lnSOLID
7	0.017963	0.085057	-0.165776	0.094137	0.009708	0.138269
8	0.018035	0.071989	-0.136760	0.070458	-0.073873	0.118602
9	0.021184	0.062966	-0.063464	0.060104	-0.112767	0.102615
10	0.022639	0.056746	0.004971	0.061368	-0.114624	0.091729
累计	0.494708	0.798356	0.228188	0.905095	1.276481	1.284539

（2）工业废气排放与工业经济增长。从表4-11可以看出，观察lnINGDP对lnGAS的冲击反应曲线发现，其轨迹大致是一条U型曲线，其累计冲击反映值为0.905095，表明废气红利增加会带来工业经济增长。lnGAS对lnINGDP的冲击反应是正值的N型关系，表明人均工业总产值的增加带来了工业废气排放的增加。

（3）工业粉尘排放与人均工业总产值增长。lnINGDP对lnSOLID的冲击反应曲线也与lnCOD类似，为U型曲线，其累计冲击反应为1.284539。说明工业粉尘红利增加会带来工业经济增长。lnSOLID对lnINGDP的冲击反应曲线与lnCOD类似，为倒U型轨迹，累计冲击反应为1.276481。这说明工业经济增长也会带来工业粉尘红利增加。

三、结论

本研究主要从工业产业方面来论述污染红利对经济增长的影响。本研究的理论分析表明：工业既有污染密集型很强的产业，也有污染密集型较弱的产业。从区位商分析，黑色金属矿采选业、其他矿采选业、纺织业、化学纤维制造业、有色金属矿采选业、有色金属冶炼及压延加工业、专用设备制造业、家具制造业、普通机械制造业等是我国竞争力相对较强的产业，然而令人遗憾的是，这些产业是一些污染密集型产业。其次，我国污染密集型产业聚集的原因是因为我国企业多为中小企业，这些企业的主要特点是规模小、利润低、市场势力小，使其更趋向与利用污染红利进入高污染行业，通过逃避承担污染红利抑制成本获得竞争优势。

为了证实污染红利对工业经济增长的影响，本研究选用了1992~2010年三类污染红利指标，进行了两个方面的执政分析。首先，对三类污染红利与工业产业竞争的关系进行了考察；其次，考察了我国污染红利与工业经济之间的长期均衡关系、Granger因果关系以及相互动态影响，得到了以下我国污染红利与工业产业的时序关系结果。

首先，相关性分析表明，我国三类污染红利指标与工业产业竞争力呈相同方向变化。一方面，污染红利越大，工业产业增长指数、工业贸易的专业化水平、出口优势变差指数也越大。另一方面，污染红利与工业贸易的专业化水平、出口优势变差指数的相关系数没有超过80%，这可能是因为除了本书所提到的三类污染红利的影响以外，还有其他变量也对我国工业贸易专业化指数和出口优势变差指数产生较大影响。

其次，对时序数据的平稳性检验发现，三类污染红利指标及人均工业总产值变量都具有一阶单整现象。在协整关系的检验中，三个污染红利指标都与人均工业总产值之间存在协整关系；因此，我国工业经济的增长将导致废水、废气、工业粉尘三类污染红利的增加，而三类污染红利也会导致工业经济增长。总结Granger因果检验结果，我们可以发现，人均工业总产值是导致三类污染红利变化的重要原因，这一结论与我国工业化发展阶段的一般事实也较为吻合。另一方面，三类污染红利也是导致人均工业总产值变化的原因。

最后，脉冲响应函数法的分析结果表明，一方面，人均工业总产值增长是影响三类污染红利的重要原因；另一方面，三类污染红利对人均工业总产值增长也存在着反作用力。

本研究表明，由于三类污染红利指标的增加将导致工业经济增长，说明政府应加大对环境政策的干预，对目前的经济增长方式转变应进一步施加外在压力，以抑制污染红利，促使环境质量好转。

第三节　污染红利对中小企业发展的影响

由于大型企业比中小型企业更注重污染红利抑制，而中小型企业更会利用污染要素红利，在抑制污染红利中“搭便车”的情况更容易出现，故污染红利的形成可能对中小企业发展具有一定的促进作用。因此，本书决定探寻污染红利对中小企业发展的影响。本节结构安排如下：第一部分为理论分析框架；第二部分用我国数据进行实证检验；第三部分则是文章的结论。

一、理论分析框架

（一）环境资源的公共物品属性

人们生活、生产中消费的物品可以分为两类，即私人物品和公共物品。私人物品具有使用的排他性和竞争性，公共物品具有使用的非排他性和非竞争性。由于环境资源的不可分性，当环境资源被一个体使用时，其他个体也可以使用，故环境资源使用具有共享性和非排他性；然而，环境资源是稀缺的，一个人对其使用会影响到别人对它的使用。例如，一方增大用水量，另一方就被迫减少用水量，因此，环境资源的使用还具有竞争性，随着环境资源稀缺性的增强，它们之间的竞争日趋激烈。因而环境资源是一种具有竞争性但不具有排他性的特殊的公共物品（许士春和何正霞，2007）。环境资源的这个特性对我国污染红利的形成和抑制带来了两个方面的作用。

首先，对污染红利的形成具有加速作用。由于环境资源的公共产品属性，无论其他企业采取怎样的行动，对每一个企业来说，拥有污染红利都是最好的选择。因为当企业没有污染红利时，该企业就得购买大量污染红利抑制设备，这样会增大企业本身的成本，从而减少本应得到的利润，最终会影响企业的竞争力。而当企业拥有污染红利时，该企业可以向公共环境资源大力排污而不用购买污染红利抑制设备，此企业会减少自己的成本而增强竞争能力。所以对企业来说，拥有污染红利是一个最好的选择，因此会加速环境污染的形成。

其次，对污染红利的抑制具有阻碍作用。进行污染红利抑制时，每一个企业都会意识到，如果只有自己抑制污染红利，而其他企业不遵守这一限制，这样并不会对未来的环境质量带来较大的改善，导致污染红利抑制很难通过私人生产者或投资者来进行。另外，污染红利抑制要增加自己的成本，而成本增加会影响企业的竞争能力，因此企业一般都不会选择主动进行污染红利抑制。

（二）污染红利对企业生产数量的影响分析

从经济学的角度，我们一般把污染红利产生的症结归之于环境资源开发利用的外部不经济。当污染红利的出现导致私人边际成本与社会边际成本的差异或私人边际收益与社会边际收益的差异时，污染红利的出现就产生了外部性。企业利用污染红利的外部性是指企业会不惜手段大量利用污染要素，而在抑制污染红利时却又不愿真正采取抑制措施，主要原因在于企业只愿意承担其私人成本，过度使用污染红利造成的成本则想转嫁给其他人承担。

1. 无污染红利情况下的企业生产决策

在无污染红利的情况下，由于外部性不存在，企业生产会按照边际收益等于边际成本的原则来进行，所以企业的边际收益、边际成本与社会边际成本、社会边际收益是一致的。如图 4－5，Q 表示产品数量，MR 表示企业的边际收益，MC 表示企业的边际成本，SMC 代表社会的边际成本，SMR 代表社会的边际收益。在 SMC＝SMR 时，企业实现利润最大化，M 点的生产数量 Q_M 是企业的最佳生产量。故在没有污染红利的情况下，资源配置可以通过市场机制实现效率最优。

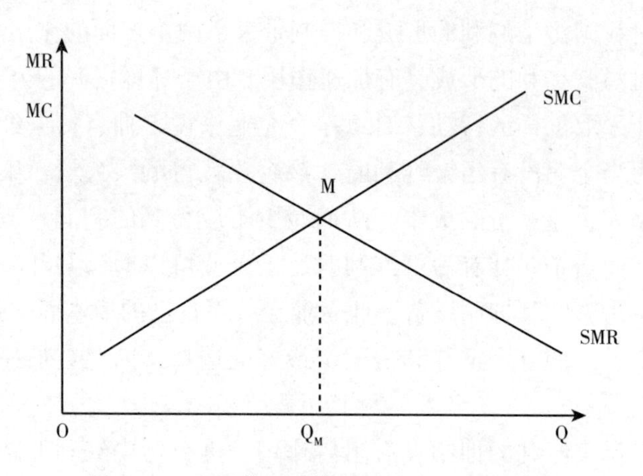

图 4－5　无污染红利情况下的企业生产决策

2. 有污染红利情况下的企业生产数量

当企业具有污染红利时，企业的边际成本与社会边际成本将出现差异，从而引起负外部性。企业将污染红利所致的外部边际成本转嫁给社会承担，企业的私人边际成本为PMC，社会边际成本为SMC，由于外部性存在，所以在其他条件相同的情况下，外部边际成本大于社会边际成本，故SMC曲线在PMC曲线的左边。企业在生产决策时，会按照边际成本等于边际利润的原则，选择N点处的生产数量Q_1。但是按照社会福利最大化标准，生产数量的决定应使社会边际成本等于社会边际收益，即在M处的生产数量Q_2，从图4-6中可以看到，由于污染红利的存在，使企业的生产数量Q_1超过社会资源配置最优时的生产数量Q_2。

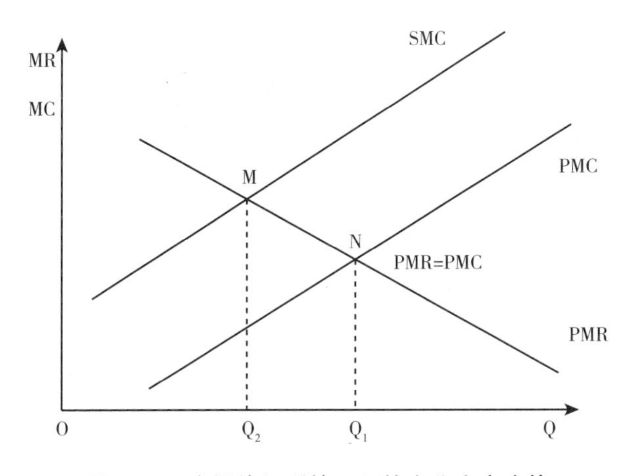

图4-6 有污染红利情况下的企业生产决策

（三）污染红利对不同规模企业的影响

1. 污染红利利用对不同规模企业生产数量的影响

我国企业多为中小型企业，它们不具备大型企业控制价格的能力，大多只能被动地接受现有的价格。同时，由于我国中小企业数量众多，就有点类似于完全竞争市场中的卖方，这种特殊的市场地位使我国中小企业表现出强负外部性而重视污染红利的利用。

由于我国中小企业只是市场价格接受者，单个企业生产的数量不会对价格产生影响，因此可以近似地认为其所面对的需求曲线也即企业的边际收益曲线是一条直线。如图4-7所示，如果企业没有污染红利，企业的边际成本曲线（假设是直线）与边际收益线相交时私人边际成本与社会边际成本相等，即该企业在生产数量为 Q_1时企业实现利润最大化。

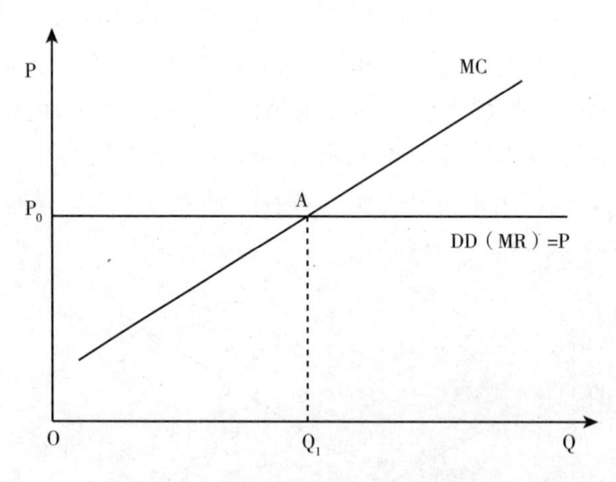

图 4 -7　无污染红利情况下的企业生产

污染红利的存在使我国中小企业生产的数量高于社会边际成本与企业边际收益相等时的数量。如图 4 -8 所示，MC_1是包含污染红利抑制成本在内的社会边际成本曲线，MC_2是私人边际成本曲线。由于企业产生的污染会影响他人，所以其他条件相同的情况下社会边际成本要大于私人边际成本，故 MC_1在 MC_2的左侧。社会边际成本曲线与边际收益曲线相交时，生产数量是 Q_1，私人边际成本曲线与边际收益曲线相交时，生产数量是 Q_3。我们先假设某中小企业由于受到了政府、社会等诸多条件的限制而被迫在 Q_1的产量上生产，如果没有这些限制，由于污染红利的存在，该企业就会选择私人边际成本等于边际收益的 Q_3产量进行生产，这时该企业增加的产量为 Q_3Q_1。如果是一个大型企业，则情况会与中小企业有区别，我们同样假定一个大型企业刚开始没有污染红利时在 Q_1产量上生产，当有污染红利时，它也会扩大生产，根据边际成本等于边际收益的原则，该大型企业最终会选择在 Q_2产量上生产，所增加的产量为 Q_2Q_1，从图 4 -7 可以看出，$Q_3Q1 > Q_2Q_1$，这主要是因为大型企业规模大，生产数量的变化会对市场价格存在一定的影响力，所以其面对的边际收益曲线是一条向下倾斜的直线，图中可以看到该直线与社会边际成本曲线和私人边际成本曲线相交时的生产数量分别为 Q_1和 Q_2，即污染红利引起多生产的产量为 Q_2Q_1，而 $Q_3 > Q_2$，所以 $Q_3Q_1 > Q_2Q_1$。因此大企业与中小企业相比，由于对市场价格的影响不同，污染红利引起生产数量的增加幅度不一样，中小企业较大企业增加的幅度更大。

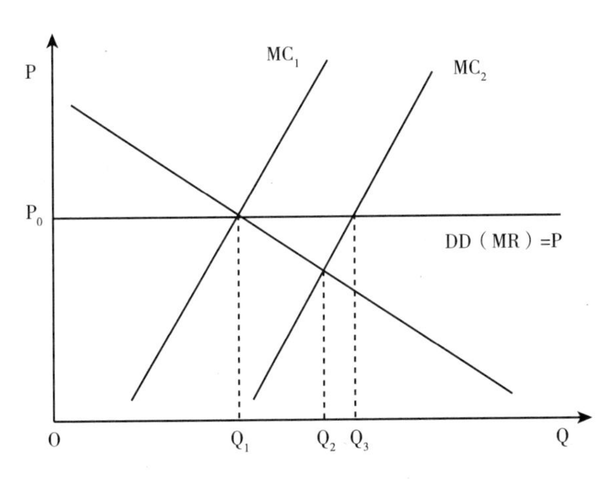

图 4-8　有污染红利情况下的企业生产

由此可看出，由于中小企业规模小、营业能力较弱，其在市场上只能被迫接受市场价格而没有控制价格的能力，如果这些中小企业能够利用污染红利，则其生产数量增加幅度比大型企业要多，利润率也会更高。

2. 污染红利抑制对不同规模企业生产数量的影响

一般来说，当企业规模较大时，其科技、人才、资金等实力也往往较强，营业额也较大，故对价格有较强的影响力，即其产品的需求价格弹性较小。污染红利抑制引起的成本增加可以通过提高产品价格的方式转移给消费者，企业仅承担污染红利抑制成本中的一部分。因此因抑制污染红利而引起成本增加的幅度较小，较小的成本增幅使得因不承担抑制污染红利成本导致的生产数量增加幅度也较小。而对于规模较小的企业，由于其对市场价格没有影响力，承担污染红利抑制成本导致的私人成本增加无法通过增加产品价格的途径向消费者转移。逃避承担污染红利抑制成本会引起企业私人成本较大幅度的下降，引起生产数量大幅度地上升，导致其外部性较强。

不同规模企业污染红利的影响可以从图 4-9 反映出来。规模大的企业面对的市场需求曲线为 DD_2。由于产品的价格需求弹性较小，该需求曲线较陡峭。而规模较小的中小企业由于其产品的价格需求弹性较大，面对的需求曲线较平坦，即图中的 DD_1，企业承担污染红利抑制成本时，其边际成本曲线为 SMC。由于污染红利抑制成本转化为企业的私人成本，因此该曲线在不承担污染红利抑制成本时的边际成本曲线 PMC 的左上方。由于承担污染红利抑制成本，企业为了实现利润最大化，对生产数量进行调整。大型企业的企业生产数量从 Q_4减少至 Q_3，减少的部分为 Q_4Q_3段，规模较小企业产量则从 Q_2减少至 Q_1，减少的部分为 Q_2Q_1段，从图中可以看出 Q_4Q_3明显较 Q_2Q_1小。这主要是因为规模较大的企业由于在市场上有较大的价格控制能力，它生产的商品需求弹性较小，故它可以将部分成本转移给消费者；规模较小的企业则没有这个能力。从图 4－9 可以看出，规模较小的企业商品价格由 P_1减少至 P_2，规模较大的企业商品价格由 P_3减少至 P_4，P_4P_3段明显小于 P_2P_1段。

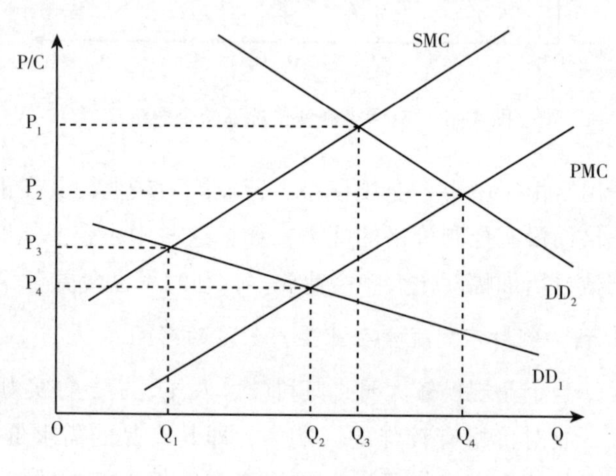

图 4－9　不同规模企业的污染红利抑制结果

从以上分析可以看出，企业是否承担污染红利抑制成本取决于企业规模的大小。企业规模越小，则不承担污染红利抑制成本引起的生产数量增加幅度越大。这再次证明污染红利的存在对中小企业发展有利。

二、污染红利影响中小企业发展的经验研究

前面的分析说明，相较于大型企业而言，污染红利的存在会促进中小企业发展。鉴此，本部分决定就污染红利对中小企业市场势力的影响进行实证分析。

（一）我国中小企业市场势力

1. 中小企业市场势力

在产业组织理论中，我们常常可以看到“市场集中”“经营集中”“经济集中”等术语。在描述经济中某个或数个部门的竞争程度时，“集中”这一术语或概念看来是最重要的工具之一。衡量行业集中的方法很多，最常见的是最大4家或8家厂商在总销售或总就业中的比重。于是一个80%的4家厂商集中率——正如人们这样讲的——就意味着比50%的4家厂商集中率有更大的垄断势力。就其本身的含义来看，较高的集中率表明有更多的销售额或其他经济活动指标控制在很少一部分厂商手中。在研究市场势力的文献中，人们较多地使用勒纳指数、贝恩指数等。

（1）勒纳指数。阿贝·勒纳为我们提供了一种以垄断势力为基础的计算市场结构的方法，该方法避免了必须从销售资料推算垄断势力的问题。勒纳指数为：

$$\text{勒纳的垄断势力指数} = [P - MC]/P$$

其中，P是产品的价格，MC是生产该产品的边际成本。勒纳的垄断势力指数要求人们能够测量边际成本。至少可以说这不是件容易的事。而且，价格必须与某个质量固定的单位联系在一起，因为质量方面的差异意味着实际价格发生了变动。所以研究者想要通过计算勒纳的垄断势力指数来比较某一行业中的厂商时，他或者她就必须确信能够把产品中所有质量方面的因素数量化（Lerner，1934）。

（2）贝恩指数。贝恩提出通过考察利润来确立垄断势力的大小。他的理由是，在一个市场中，若持续存在超额利润，一般就反映了垄断的因素。与测量需求的价格弹性或边际成本相比，现成的利润统计资料是容易找到的。贝恩把会计利润定义为（Bain，1951）：

$$\pi = R - C - D(\text{其中}:R = \text{总收益}, C = \text{当期成本}, D = \text{折旧}) \quad (4.16)$$

（3）其他各种集中指数。除了上述指数以外，还有集中曲线、洛伦茨曲线、基尼系数、赫芬达尔指数等（汪贵浦、陈明亮，2007）。

2. 我国中小企业市场势力

由于资料的缺陷，以上指数所需数据均不能在《中国统计年鉴》和我国相关部门找到。既然市场势力是一个反映市场集中度的指标，本书设计了一个新的测量中小企业市场势力的指标，即用单位中小企业产值除以单位大型企业产值。这个指标能够反映中小企业的行业集中度，如果该指标变小，说明中小企业市场势力变小；如果该指标变大，说明中小企业市场势力变大。根据历年《中国统计年鉴》和我国商务部相关资料，本书计算了1994～2010年的我国中小企业市场势力。

从表4-12可以看出，我国中小企业市场势力呈现一个U型的变化趋势，呈现越来越大的变化特征，如1994年为0.025312，到2010年则上升为0.028766。说明随着经济发展，我国中小企业的市场势力越来越强。

表4-12　历年我国中小企业市场势力

年份	大小	年份	大小
1994	0.025312	2003	0.025927
1995	0.025035	2004	0.025766
1996	0.024687	2005	0.026759
1997	0.023933	2006	0.026126
1998	0.023789	2007	0.027116
1999	0.023575	2008	0.027611
2000	0.021066	2009	0.028042
2001	0.024035	2010	0.028766
2002	0.0250641		

资料来源：《中国统计年鉴》（2001～2017年，历年）和《中国工业统计年鉴》（2001～2017年，历年），以及商务部、统计局等部门相关资料；表中数据由Excel计算并经整理而得。

（二）污染红利与我国中小企业市场势力的协整分析

1. 单位根检验

前面已经分析了我国三类污染红利指标的单位根检验，其结果如表4-13所示，市场势力和污水总量排放均满足一阶平稳条件，故本书所选用的指标也全部满足一阶平稳条件，即都属于I（1），因此也可以全部进行协整分析。

表4-13　　ADF单位根检验结果

变量	检验形式（C、T、K）	ADF检验统计量	5%临界值
lnSIZE	（0，0，1）	-0.360703	-3.065585
ΔlnSIZE	（C，T，1）	-5.060891	-3.759743
lnWATER	（C，T，1）	-3.2909	-3.6908
ΔlnWATER	（0，0，1）	-3.4865	-1.9614
lnGAS	（0，0，4）	-0.6381	-1.9602
ΔlnGAS	（C，T，1）	-3.8452	-3.7105
lnSOLID	（0，0，4）	-0.8071	-1.9602
ΔlnSOLID	（C，T，1）	-4.1526	-3.6908

注：检验形式（C，T，K）分别表示单位根检验方程包括常数项，时间趋势和滞后阶数，加入滞后项是为了使残差项为白噪声，最优滞后项阶数由AIC准则确定，Δ表示一阶差分算子。

资料来源：《中国统计年鉴》（1992～2008年，历年）和《中国环境统计公报》（1995～2007年，历年），1995年之前的各类环境污染排放指标由我国市环保局相关资料整理所得；估计结果由EViews计算并经整理而得。

2. 协整关系检验

我们利用Johansen协整系统检验，各类污染红利指标与企业市场势力变化的协整关系检验结果见表4-14。

表4-14　　三类污染红利指标与市场势力的协整检验结果

污染变量	滞后阶数	λ_{trace}	5%临界值	λ_{max}	5%临界值	协整关系
lnGAS	2	33.08497	15.49471	32.56075	14.26460	有
		0.524220	3.841466	0.524220	3.841466	
lnWATER	2	31.87319	15.49471	31.20927	14.26460	有
		0.663922	3.841466	0.663922	3.841466	
lnSOLID	2	23.30386	15.49471	21.53901	14.26460	有
		1.764850	3.841466	1.764850	3.841466	

注：检验形式（C，T，K）分别表示单位根检验方程包括常数项，时间趋势和滞后阶数，加入滞后项是为了使残差项为白噪声，最优滞后项阶数由AIC准则确定。

资料来源：《中国统计年鉴》（1992～2008年，历年）和《中国环境统计公报》（1995～2007年，历年），1995年之前的各类环境污染排放指标由我国市环保局相关资料整理所得；估计结果由EViews计算并经整理而得。

由表 4 - 14 协整检验结果我们可以得到以下结论。在本书所选取的三类污染红利指标都与 lnSIZE 之间存在协整关系。这一结果的经济意义是：我国污染红利的增加将会带来中小工业企业市场势力增长。

3. 污染红利与中小工业企业市场势力的脉冲响应分析

本部分的脉冲响应分析考察三类污染红利指标与中小工业企业市场势力的冲击响应分析，其中冲击标准差由蒙特卡罗模拟方法得到，本节同样将冲击响应期设定为 10 期。

（1）废气红利与企业市场势力增长。观察表 4 - 15 第 1 列模拟结果可以发现，在整个冲击响应期内，分析 lnSIZE 对 lnGAS 的冲击反应曲线也可发现其大致为 N 型曲线，各期冲击反应值的绝对值越来越大，计算其累计冲击响应值为 0. 40895，表明废气排放量会对企业市场势力产生正面效应。lnGAS 对当期 lnSIZE 单位冲击的反应曲线大致呈现 N 型，计算在分析期内 lnGAS 的累计反应值可发现，lnSIZE 冲击对 lnGAS 的总体影响为 - 1. 03994，表明企业市场势力会促进废气红利增加。

表 4 - 15　　污染红利与 lnSIZE 的冲击响应分析结果

冲击反应期	lnGAS to lnSIZE	lnSIZE to lnGAS	lnWATER to lnSIZE	lnSIZE to lnWATER	lnSOLID to lnSIZE	lnSIZE to lnSOLID
1	0. 000000	0. 016968	0. 000000	0. 019663	0. 000000	0. 023982
2	0. 003794	0. 021867	0. 008286	0. 023852	0. 015508	0. 750121
3	0. 082879	0. 034037	0. 082298	0. 036319	0. 005058	0. 599173
4	0. 116485	0. 037324	0. 108798	0. 039809	0. 003908	0. 675713
5	0. 124017	0. 039351	0. 114411	0. 042434	0. 004102	0. 796603
6	0. 118804	0. 041548	0. 112902	0. 045297	0. 004153	0. 921010
7	0. 123284	0. 045794	0. 119957	0. 050035	0. 004628	1. 072977
8	0. 137674	0. 051260	0. 134267	0. 055861	0. 005313	1. 252133
9	0. 156885	0. 057273	0. 151707	0. 062268	0. 006152	1. 461386
10	0. 176118	0. 063529	0. 169396	0. 069065	0. 007161	1. 706027
累计	1. 03994	0. 40895	1. 00202	0. 4446	0. 05598	9. 235143

（2）废水红利与企业市场势力增长。观察表4-15可以发现，在整个冲击响应期内，分析lnSIZE对lnWATER的冲击反应曲线也可发现其大致也为N型曲线，各期冲击反应值的绝对值也是越来越大，计算其累计冲击响应值为0.4446，表明废水排放量增加对企业市场势力产生同样具有正面效应。lnWATER对当期lnSIZE单位冲击的反应曲线与lnGAS对当期lnSIZE单位冲击的反应曲线非常相似，如大致呈现N型，lnSIZE冲击对lnWATER的总体影响为1.00202，表明企业市场势力对废水红利的影响与其对废气红利的影响大小差不多。

（3）粉尘红利与企业市场势力。lnSOLID对lnSIZE的冲击反应曲线为U型轨迹，累计冲击反应为0.05598；lnSIZE对lnSOLID的冲击反应曲线为线性，其累计冲击反应值为9.235143。

综合上述五类污染红利指标与中小工业企业市场势力之间的冲击反应模拟结果，可得到以下主要结论。

第一，从企业市场势力对三类污染红利指标的冲击反应情况可以发现，污染红利对市场势力增长的反作用，可能与第三章所述废水排放对工业经济增长的反作用相同，说明由于我国环境污染排放的偷排处罚低于应缴纳的实际成本，故会增加企业最后的利润，从而增大了企业的市场势力。同时，以上分析还显示，中小工业企业市场势力对污染红利的冲击反应具有明显的滞后作用，即随着冲击期的延长其冲击反应效果越来越显著。这一结果提醒我们，污染红利对中小工业企业市场势力的影响往往也要在滞后较长一段时期后才能得到显著反映。第二，从上述分析可以看出，三类污染红利指标对lnSIZE的冲击反应轨迹大致分为倒N型（废气红利、废水红利）与线性（粉尘红利）。以上分析另一个重要结论是：企业市场势力下降是导致污染红利上升的重要原因。以上分析也显示：污染红利对中小工业企业市场势力的冲击反应具有明显的滞后作用，即随着冲击期的延长其冲击反应效果越来越显著。这一结果提醒我们，中小工业企业市场势力对污染红利排放的影响往往也要在滞后较长一段时期后才能得到显著反映。

4. 企业市场势力与环境污染的方差分解分析

在VAR模型中，通过变量之间的动态结构，对以后的各变量将产生一系列连锁变动效应。对于任何一个VAR模型都可以表示成为一个无限阶的向量MA(∞)过程。

$$Y_{t+s}=U_{t+s}+\psi_1 U_{t+s-1}+\psi_2 U_{t+s-2}+\cdots+\psi_s U_t+\cdots \tag{4.17}$$

$$\psi_s=(\partial Y_{t+s})/(\partial U_t) \tag{4.18}$$

以上分析的是有关脉冲响应函数，方差分解函数的表现形式不同于脉冲响应函数，其表现形式如下：

$$\begin{aligned}MSE(\hat{Y}_{t+s|t}) &= E[(Y_{t+s}-\hat{Y}_{t+s|t})(Y_{t+s}-\hat{Y}_{t+s|t})'] \\ &= \Omega+\Psi_1\Omega\Psi'_1+\Psi_2\Omega\Psi'_2+\cdots+\Psi_{s-1}\Omega\Psi'_{s-1}\end{aligned} \tag{4.19}$$

其中 $\Omega=E(u_t,\ u'_t)$。

下面考察每一个正交化误差项对 MSE（$\hat{Y}_{t+s|t}$）的贡献。把 u_t 变换为正交化误差项 v_t。

$$u_t=Mv_t=m_1v_{1t}+m_2v_{2t}+\cdots+m_Nv_{Nt} \tag{4.20}$$

$$\begin{aligned}\Omega &= E(u_t,u_t^!)=(m_1v_{1t}+m_2v_{2t}+\cdots+m_Nv_{Nt})(m_1v_{1t}+m_2v_{2t}+\cdots+m_Nv_{Nt})' \\ &= m_1m'_1Var(v_{1t})+m_2m'_2Var(v_{2t})+\cdots+m_Nm'_NVar(v_{Nt})\end{aligned} \tag{4.21}$$

把用上式表达的Ω代入后，合并同期项如下：

$$\begin{aligned}MSE(\hat{Y}_{t+s|t}) = \sum_{j=1}^{N} Var(v_{jt})(&m_jm'_j+\psi_1m_jm'_j\psi'_1 \\ &+\psi_2m_jm'_j\psi'_2+\cdots+\psi_{s-1}m_jm'_j\psi'_{s-1})\end{aligned} \tag{4.22}$$

则 $\dfrac{Var(v_{jt})(m_jm'_j+\psi_1m_jm'_j\psi'_1+\psi_2m_jm'_j\psi'_2+\cdots+\psi_{s-1}m_jm'_j\psi'_{s-1})}{\sum_{j=1}^{N}Var(v_{jt})(m_jm'_j+\psi_1m_jm'_j\psi'_1+\psi_2m_jm'_j\psi'_2+\cdots+\psi_{s-1}m_jm'_j\psi'_{s-1})}$

表示正交化的第 j 个新信息对前 s 期预测量 $\hat{Y}_{t+s|t}$方差的贡献百分比（侯伟丽等，2013）。

与脉冲响应函数法不同，方差分解法是将系统中每个内生变量的波动按其成因分解为与各方程相关联的若干个组成部分，从而可以了解各新信息对模型内生变量的相对重要性。笔者采用渐近解析法对企业市场势力与五类污染红利指标进行方差分解，并将方差分解期设定为 10 期。

（1）废气排放与企业市场势力增长。企业市场势力对废气排放的影响（即对预测误差的贡献度）在第 1 期为 8.58%，冲击影响的强度不大，但随后 lnSIZE 对 lnGAS 的影响则逐渐增强，在第 10 期的影响达到最大，呈现直线上升的趋势。从第 1 期到第 4 期的上升幅度比较大，但第 4 期开始直至末期这种上升幅度越来越小。废气对企业市场势力冲击影响强度有一定的滞后，从第 2 期开始这种影响才出现，但也不是很大，仅为 0.014%。但随后废气对企业市场势力的冲击影响越来越大，到第 10 期则达到了 45.18%。从其平均冲击影响强度来说，lnSIZE 对 lnGAS 的预测方差分解平均值为 27.09%，lnGAS 对 lnSIZE 的预测方差分解平均值为 23.45%，结合脉冲响应函数值可知，lnSIZE 对 lnGAS 有一定程度的作用，从其双向影响来看，lnSIZE 对 lnGAS的作用强度要大于 lnGAS 对 lnSIZE 的作用强度。

（2）废水排放与企业市场势力增长。观察表 4 - 16 可以发现，与脉冲响应类似，冲击期内 lnWATER 与 lnSIZE 的冲击强度和 lnGAS 与 lnSIZE 的冲击强度比较相似。lnWATER 对 lnSIZE 的冲击强度越来越大，其平均预测方差分解值为 32.75%，lnGAS 对 lnSIZE 的冲击强度也呈越来越大的趋势，平均预测方差分解值为 26.14%，说明 lnSIZE 对 lnWATER 的作用强度要大于 lnWATER 对 lnSIZE的作用强度。

（3）粉尘排放与企业市场势力。lnSIZE 对 lnSOLID 的平均冲击影响强度为 43.53%；lnSOLID 对 lnSIZE 的平均冲击影响强度为 1.53%。

表 4 - 16　　lnGAS、lnWATER、lnCOD 与 lnSIZE 的方差分解结果

方差分解期	lnGAS to lnSIZE	lnSIZE to lnGAS	lnWATER to lnSIZE	lnSIZE to lnWATER	lnSOLID to lnSIZE	lnSIZE to lnSOLID
1	8.582699	0.000000	11.64002	0.000000	0.027410	0.000000
2	15.17151	0.014145	19.19952	0.107977	16.33045	4.361559
3	23.79089	6.001745	28.81718	8.887101	23.89011	3.152808
4	28.95065	15.88501	34.51813	20.47863	31.84320	2.233351
5	31.02812	24.58457	36.97806	29.29218	40.54300	1.638073
6	31.78178	30.06714	38.03876	34.34911	49.21625	1.220110
7	32.21743	33.87176	38.71587	37.68365	57.60077	0.928248
8	32.69312	37.50985	39.35041	40.68640	65.37178	0.722725
9	33.16335	41.40139	39.91716	43.63769	72.27570	0.576385
10	33.54387	45.18029	40.36390	46.29099	78.18349	0.471457
平均	27.09234	23.45159	32.7539	26.14137	43.52822	1.530472

综合上述三类污染红利指标与中小工业企业市场势力之间的方差分解分

析结果，可得到以下主要结论。

第一，从上述方差分解分析可以看出，企业市场势力对三类污染红利指标的冲击影响强度均呈现越来越大的趋势，其结论是：企业市场势力变化对环境污染排放量变化会产生越来越大的影响。计算五类污染红利指标在10个时期内的方差分解平均值，由高到低分别为粉尘红利（68.82%）、二氧化硫排放总量（53.76%）、粉尘排放量（43.53%）、废水红利（32.75%）、废气红利（27.09%）。第二，从三类污染红利指标对企业市场势力的冲击影响强度可以发现，有些冲击影响强度大，有些冲击影响强度比较小，按照其平均影响强度大小由高到低排序依次为废水红利（26.14）、废气红利（23.45）、粉尘红利（1.53）。结合前面的脉冲响应函数分析可以看出，废气红利、废水红利对企业市场势力的有一定的冲击影响强度，粉尘红利对企业市场势力的影响强度不大；同时，三类污染红利指标对企业市场势力的冲击影响强度均具有滞后作用。

三、结论

本节主要是从中小工业企业市场势力视角来探寻污染红利对经济增长的影响。从上述分析看出，有关我国污染红利对中小企业市场势力的影响方面具有以下结论。

首先，由于环境资源的公共产品属性，其对我国污染红利的形成和抑制带来了两个方面的作用，一是对污染红利的形成具有加速作用，二是对污染红利的抑制具有阻碍作用。由于环境资源的外部性，企业只愿意承担私人成本，污染红利抑制造成的成本则想转嫁给其他人承担。企业规模越小，则与之相关的污染外部性越大，企业不承担污染红利抑制成本引起的生产数量增加幅度也越大，这种数量的增加导致环境资源使用无法实现最优化配置，增加幅度越大，污染红利的利用越多。由于目前我国工业企业多为中小企业，数量多、规模小、营业能力较弱，多数面临亏损状态；目前我国工业企业还面临资金、技术、人才等生产要素的制约，尤其是中小企业所受的制约更大。故我国中小企业在市场上只能被迫接受市场价格而没有控制价格的能力，如果这些中小企业能够将更多的污染红利抑制成本转嫁给社会承担，则其生产的数量增加幅度会更大，利润率也会更高。

为了进一步验证上述推理的正确性，本章还对我国污染红利与中小工业企业市场势力的关系进行了实证检验。通过选用三类污染红利指标，考察了我国污染红利与中小工业企业市场势力变化之间的长期均衡关系、脉冲响应、方差分解等动态影响，得到了以下我国污染红利—中小工业企业市场势力的时序关系结果。

首先，对时序数据的平稳性检验发现，三类污染红利指标及中小工业企业市场势力变量都具有一阶单整现象。在协整关系的检验中，三类污染红利指标都与企业市场势力之间存在协整关系，说明污染红利的利用促进了对我国中小工业企业市场势力的提高。

其次，脉冲响应函数法表明：三类污染红利排放对中小工业企业市场势力的排放均为正值，说明随着污染红利的增加，中小工业企业市场势力会增强，这可能是由于我国污染红利排放的偷排处罚低于应缴纳的实际成本，故会增加企业最后的利润，从而增大了中小工业企业的市场势力。

最后，预测方差分解结果表明：中小工业企业市场势力变化对三类污染红利变化会产生越来越大的影响；废水红利、废气红利对中小工业企业市场势力有一定的冲击影响强度，粉尘红利指标对中小工业企业市场势力的影响强度不大。预测方差分解结果提醒我们：就污染红利的抑制而言，中小企业很难自发参与，政府要加大对污染红利的抑制力度。

第四节　本章小结

本章从污染红利影响经济增长的机理、污染红利对工业经济增长和中小企业发展的影响等三个方面考察了污染红利对我国经济增长的作用，得到了以下研究结论。

（1）本研究就污染红利对经济增长的影响进行了分析，得到了以下主要研究结论。污染红利对经济增长的影响效应表现为污染红利一方面会导致企业扩大生产规模；另一方面会改变贸易结构，故污染红利的形成对经济增长具有引擎效应。为了验证污染红利是否存在经济引擎效应，本书以我国经验数据为样本进行了实证分析，得到了以下结论：首先，协整分析与格兰杰因果分析表明，废气红利、废水红利与工业粉尘红利均是经济增长的解释变量，而经济增长亦是三者的解释变量。其次，VAR 回归分析同样表明，废气红利、废水红利与工业粉尘红利均是经济增长的解释变量。最后，OLS 回归分析表明：废水红利、废气红利、工业粉尘红利对经济增长回归系数的 T 统计量的 P 值均在 5% 范围显著，故三者均是影响经济增长的重要解释变量。

（2）污染红利对工业经济增长的影响机理表现为污染红利促进了污染密集型产业增加，由于污染密集型产业是我国工业产业的主导产业，故污染红利促进了工业经济增长。本书的实证研究证实了上述结论：首先，相关性分析表明，我国三类污染红利指标与工业产业竞争力呈相同方向变化。其次，对时序数据的平稳性检验发现，三类污染红利指标及人均工业总产值变量都具有一阶单整现象。在协整关系的检验中，三类污染红利指标都与人均工业总产值之间存在协整关系；Granger 因果检验结果发现，人均工业总产值是导致三类污染红利变化的重要原因，三类污染红利也是导致人均工业总产值变化的原因。最后，脉冲响应函数法的分析结果表明，一方面人均工业总产值增长是影响三类污染红利的重要原因，另一方面三类污染红利对人均工业总产值增长也存在着反作用力。

（3）污染红利促进中小企业市场势力增长的机理表现为：由于中小企业在市场上只能被迫接受市场价格而没有控制价格的能力，如果这些中小企业能够将更多的污染红利抑制成本转嫁给社会承担，则其生产的数量增加幅度会更大，利润率也会更高，故污染红利增加会促进中小企业发展。为了进一步验证上述推理，本章对我国污染红利与中小工业企业市场势力的关系进行了实证检验。首先，对时序数据的平稳性检验发现，三类污染红利指标及中小工业企业市场势力变量都具有一阶单整现象；在协整关系的检验中，三类污染红利指标都与企业市场势力之间存在协整关系，说明污染红利的利用促进了对我国中小工业企业市场势力的提高。其次，脉冲响应函数法表明：三类污染红利排放对中小工业企业市场势力的排放均为正值，说明随着污染红利的增加，中小工业企业市场势力会增强。最后，预测方差分解结果表明：中小工业企业市场势力变化对三类污染红利变化会产生越来越大的影响；废水红利、废气红利对中小工业企业市场势力有一定的冲击影响强度，粉尘红利指标对中小工业企业市场势力的影响强度不大。

第五章

污染红利抑制

如何抑制环境生产要素被过度使用、使污染被当作红利使用的经济现象不再存在已成为理论界关注的热点。对此，经济理论界存在两类不同的理论分野。第一种理论认为，由于环境污染是环境这种生产要素被过度使用造成的，因此，必须建立完善的产权保护机制、市场交易机制和严厉的环境标准，才能阻止环境的不断恶化，维持最优的环境质量水平（Tahvonen and Kuuluvainen，1993；Lopez，1994；Thampapillai，1995）。第二种理论认为，既然环境要素丰裕的国家会生产污染密集型产品，故发达国家可以将污染密集型产业转移到发展中国家，再根据比较优势原理，通过国际贸易方式从发展中国家进口污染密集型产品，从而达到在本国抑制把环境生产要素当作红利进行生产的经济行为（Copeland and Taylor，1995）。可见，经济学界对如何抑制把环境生产要素当作红利使用的经济行为提出了富有价值的建议。然而，已有研究只是提出了污染红利抑制的初步构想，对污染红利抑制的理论与具体措施未进行详尽分析，有关污染红利抑制的规制效果研究也相对较少。鉴于此，本章决定对我国污染红利的抑制进行分析。

本章结构安排如下。第一节探讨污染红利抑制政策的相关理论；第二节探讨我国的污染红利抑制政策工具；第三节探讨我国污染红利抑制资源的分散配置及其对污染红利抑制的影响；第四节探讨我国污染红利抑制政策的抑制绩效。

第一节　污染红利抑制政策的理论分析

一、污染红利抑制政策的选择依据

污染红利抑制的主要政策有以政府为主的政策和以市场为主的政策。按照控制污染红利的具体政策和方法，各项法律、条例、规章和制度中的具体政策可以分解为排污收费、总量控制、环境影响评价和“三同时”、流域规划、环境污染集中处理、关停政策、排污许可证等，这些污染红利抑制政策按照控制的性质分为强制性政策、经济性政策、公众参与政策和鼓励性政策四类。强制性政策主要包括，流域环境污染控制规划、环境影响评价和“三同时”、总量控制、排污许可、关停政策等；经济政策主要是排污收费、激励政策主要是环境污染集中处理；公众参与政策主要是群众举报、投诉热线等。罗杰·伯曼分析了污染控制政策的选择依据。他认为：决策者往往有多重目标，因此一个好的污染红利抑制政策在理论上应同时具备许多特点；污染控制当局、政策制定者对各项标准的不同侧重，将影响他们对污染红利抑制政策的选择，还有可能因污染红利类型差异而对各项标准赋予不同的权重，进而导致选择不同的抑制政策。抑制政策选择的费用效率标准是一种可以依据不同的关注重点进行判断的标准，该标准具有以下特点：能以最低成本实现污染红利抑制目标的政策；意味着所有承担污染红利抑制责任的企业具有相等的边际抑制成本；最低成本方案往往不是在污染红利之间平均分配抑制责任的方案；只要抑制成本存在差异，抑制成本相对较低的主体就应承担大部分抑制责任。见表5－1。

表5－1　污染红利抑制政策的选择依据

标准	简要描述
费用有效性	能否以最低的成本达到目标
可靠性	多大程度上可以依靠该政策实现目标
信息要求	该政策要求污染抑制主管部门掌握多少信息，信息获得的成本是多少
可实施性	该政策的有效实施要求多少监测，能做到吗

续表

标准	简 要 描 述
长期影响	该政策的影响力是随时间增强、减弱，还是保持不变
动态效率	该政策在污染抑制的过程中能否在改善产品或生产过程方面提供持续激励
灵活性	当出现新信息、条件变化或目标改变时，该政策能否以低廉的成本迅速适应
公平性	该政策的应用对于收入和财富分配的影响是什么
不确定性成本	当该政策在错误信息下使用时，效率的损失有多大

资料来源：罗杰·伯曼，等. 自然资源与环境经济学［M］. 侯元兆，译. 北京：中国经济出版社，2002。

二、市场机制对污染红利的影响

（一）环境污染具有外部性

所谓外部性就是某经济主体的效应函数的自变量中包含了他人的行为，而该经济主体又没有向他人提供报酬或索取补偿，用数学函数表示就是：

$$F_j = F_j(X_{1j}, X_{2j}, \cdots, X_{nj}, X_{mk}) \quad j \neq k \tag{5.1}$$

这里，X_i（i=1，2，…，n，m）是指经济活动，j 和 k 是指不同的个人（或厂商）。这表明，只要某个经济主体 j 的福利除受到他自己所控制的经济活动 X_i的影响外，同时也受到另外一个人 k 所控制的某一经济活动 X_m的影响，就存在外部效应。外部性与公共物品密切相关。已有研究表明，环境资源具有不可分性，当其被某个体使用时，其他个体也可以使用，故环境资源使用具有共享性和非排他性；然而，环境资源亦具稀缺性，某个体对环境排放污染会影响他者的舒适度（Walter，1979），故环境污染具有外部性特征；外部效应可以分为外部正效应和外部负效应，对外部企业带来益处的行为称为外部正效应，对外部企业带来害处的行为称为外部负效应（Walter，1979）。很显然，污染红利利用具有负外部性，污染红利抑制具有外部正效应。

（二）市场机制对污染红利形成与抑制的局限性

在环境经济学中，一个常用的环境污染模型可以说明企业在规定下会使污染红利利用数量达到最佳的数量。如图 5－1 所示，横轴 E 表示企业的污染红利利用数量，纵轴 R 表示企业的收益，ML 是利用污染红利时引起环境损害所导致的边际损失，这一损失在有政府设定法规对企业的行为进行管制时将由企业来进行赔偿。企业污染红利利用数量越大，则需赔偿的金额越多，因此 ML 曲线向上倾斜。MC 是企业抑制污染红利的边际成本，如果企业污染红利利用数量较多，则企业污染红利抑制的边际成本低；反之，则企业污染红利抑制的边际成本高，因此该曲线是向下倾斜的。企业在决定污染红利利用数量大小时会对污染红利抑制成本和损失赔偿进行比较，如果边际抑制成本高于赔偿带来的边际损失，则会选择加大污染红利利用数量；反之，企业则会选择减少污染红利数量以降低边际损失。因此企业将选择污染红利抑制的边际成本与边际损失相等处的污染红利利用，即 A 点处的污染红利利用数量 E^*。此时的污染红利数量对企业而言，是最为有效的污染红利利用数量，增加和减少污染红利数量都会增加企业的成本。

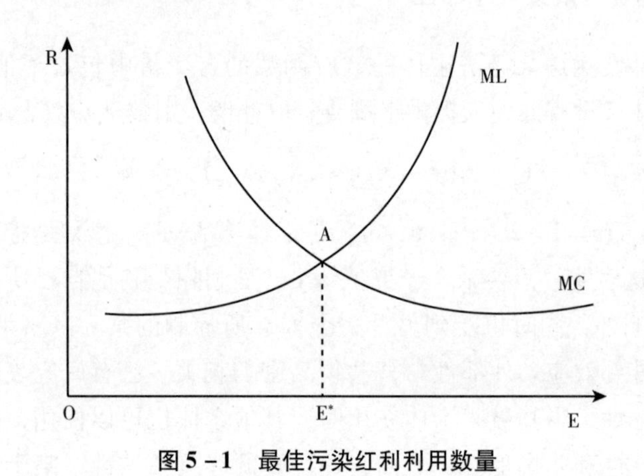

图 5 –1　最佳污染红利利用数量

资料来源：罗杰·伯曼，等. 自然资源与环境经济学［M］. 侯元兆，译. 北京：中国经济出版社，2002。

在市场机制条件下，污染红利利用与抑制会受到以下局限。

首先，从污染红利利用视角分析，由于环境污染具负外部性，某一厂商利用污染红利会给另一厂商带来外部成本，故企业在生产时其私人边际成本会大于社会边际成本，理性的企业会将污染红利利用所致的外部边际成本转嫁给社会承担，导致污染红利利用数量超过社会资源最优配置时的利用数量，带来污染集聚。如图 5 –2 所示，企业的私人边际收益为 PMR，它等于社会边际收益 SMR；企业私人边际成本为 PMC，社会边际成本为 SMC，由厂商污染红利利用所引起的外部边际成本为 XC，SMC = PMC + XC，SMC 曲线在 PMC 曲线左边。图 5 – 2（a）和（b）分别描述了企业在完全竞争条件下与不完全竞争条件下的污染红利利用行为。二者的区别在于：在完全竞争条件下，企业的私人边际收益曲线（PMR）与需求曲线是重合且水平的；在不完全竞争条件下，企业的私人边际收益曲线处在需求曲线之下，并且是向右下方倾斜的。企业在生产决策时，会按照企业边际成本等于边际利润的原则，选择 N 点处生产，其污染数量为 Q_2，但是按照社会福利最大化标准，企业生

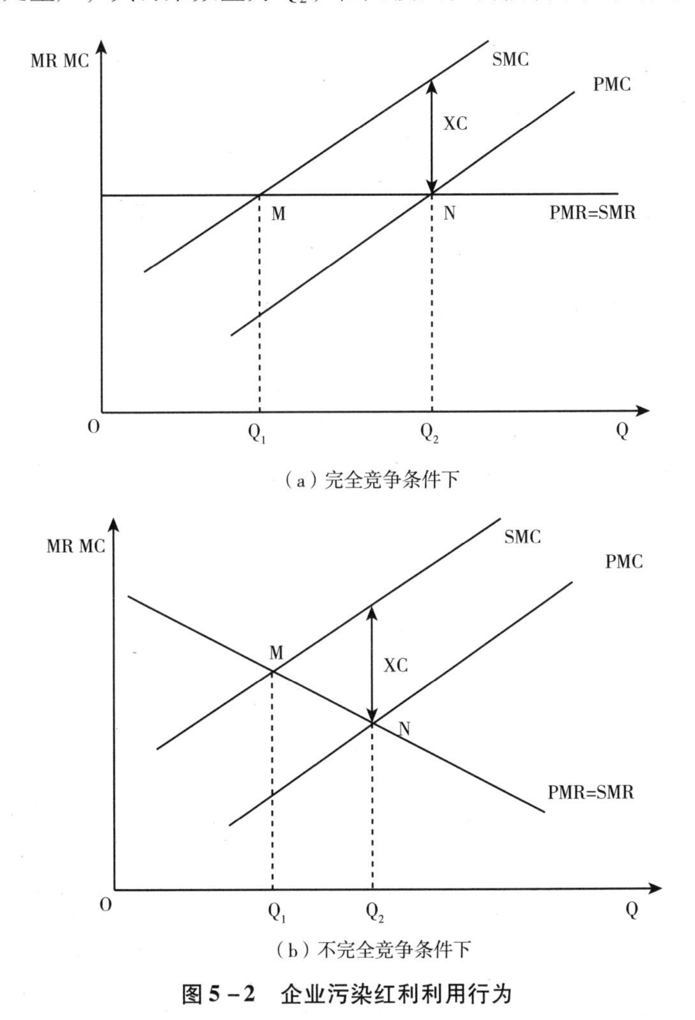

图 5 – 2　企业污染红利利用行为

产数量应由社会边际成本等于社会边际收益的约束条件决定，即在 M 点处生产，其污染数量为 Q_1。从图 5－2（a）和（b）可以看到，由于外部性的存在，企业实际污染利用数量 Q_2 超过社会资源配置最优时的污染利用数量 Q_1，导致污染红利出现而造成环境质量受到损害。

其次，从污染红利抑制视角分析，由于污染红利抑制具有正外部性，故企业在进行污染红利抑制时，其他企业也会从中得到好处，这会带来“搭便车”问题（Walter，1979），使污染红利抑制这种公共物品的生产严重不足。图5－3（a）与（b）分别描述了完全竞争条件下与不完全竞争条件下企业的

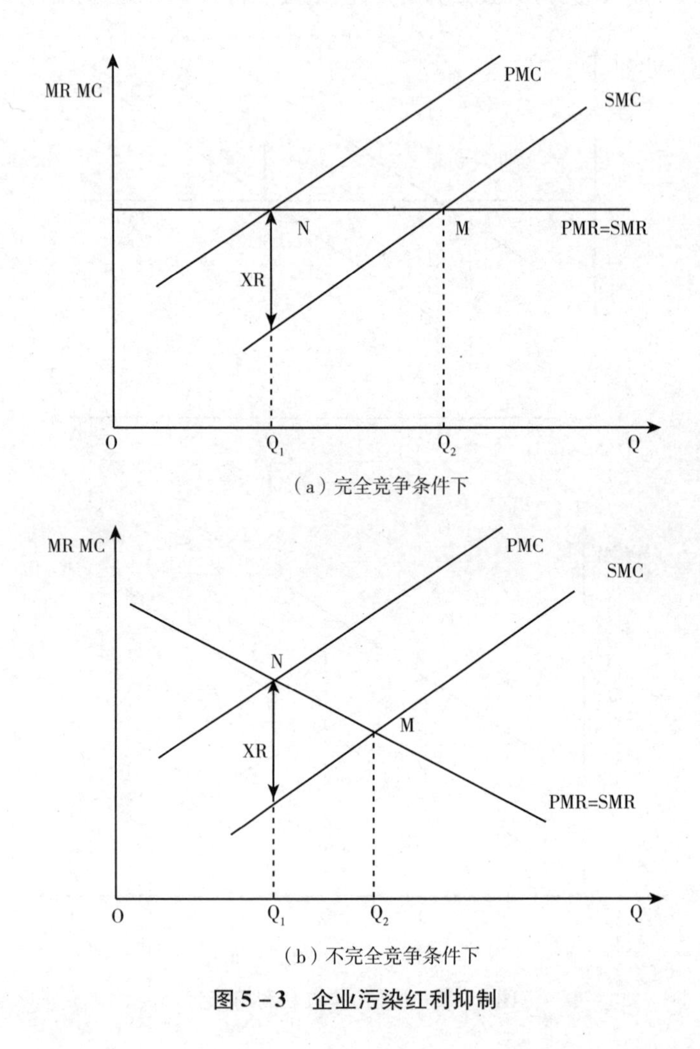

（a）完全竞争条件下

（b）不完全竞争条件下

图 5－3　企业污染红利抑制

污染红利抑制情况，两者的区别同图 5－2。由于企业进行污染红利抑制时产生了外部收益 XR（由 PMC 与 SMC 之间的垂直距离表示），减少了社会边际成本，故 XR＝PMC－SMC，PMC 位于 SMC 左侧。因此，图 5－3 与图 5－2 的区别在于 PMC 与 SMC 曲线互换位置。企业在进行污染红利抑制决策时，会按照 PMC＝PMR 的原则决定，选择 N 点处进行污染红利抑制，其污染红利抑制数量为 Q_1，但是按照社会福利最大化标准，企业污染红利抑制数量应由社会边际成本等于社会边际收益的约束条件决定，即在 M 点处对污染红利进行抑制，其污染红利抑制数量为 Q_2，从图 5－2（a）和（b）可以看到，由于正外部性的存在，企业污染红利抑制数量 Q_1 低于社会资源配置最优时的抑制数量 Q_2，导致污染红利抑制不足，（Q_2-Q_1）就是由于外部收益的存在而导致的污染红利抑制不足。

（三）污染红利抑制需要政府规制

前面的分析表明，如果仅由市场机制进行调节，环境污染会因其负外部性特征而使得企业利用污染红利且不愿意抑制污染红利，故仅由市场无法抑制污染红利而只能由政府出面解决。事实上，经济学界在研究了政府的污染红利抑制功能后亦得出了上述结论。当格罗斯曼和克鲁格（Grossman and Krueger，1995）发现了环境污染与人均收入之间呈现倒 U 型关系后，社会上曾出现了一个不谨慎的政策建议，该建议认为，“由于人均收入提高最终会带来干净的环境，故经济增长可以当作治理环境问题的疗方”；人们应该更多地关注经济增长，所谓环境问题只是一个过渡现象，这种现象最终会因经济的增长而自发解决（Boyce，1996）。对此，格罗斯曼和克鲁格（Grossman and Krueger，1996）经过研究后指出，“没有任何理由相信这会是一个自发的结果……有效的措施需要从市场自发调节转向政府规制”。托拉斯（Torras，1998）进一步指出，政府政策不仅可以改变 EKC 的形状、使 EKC 变得更扁平或更尖陡，还可以使 EKC 曲线的拐点出现时期提前或推迟。

由此可见，环境污染具有外部性，市场机制无法抑制污染红利而必须由政府出面进行管理。

三、政府抑制污染红利的主要政策

（一）管制政策

管制政策是用规章制度对环境污染问题直接进行干预。例如，用法律或条例的形式规定企业不得向外排放有毒的污染物，如果违反则污染者需对所造成的环境损失负责，并对受害者给予赔偿。也有规定要求企业排放的污染物经过一定的处理并达到设定的标准，否则要交纳高额的罚款。对企业设定强制性的规定，使企业在利用污染红利时考虑到环境损害问题。并且通过赔偿和罚款的方式使外部性影响内部化，将环境的损害转化为企业的内部成本。理论上，管制政策的制定可以引导企业主动地削减污染红利使用数量来减少罚款和对受害者的赔偿。

（二）政府提供公共产品

前面已经谈到，由于环境的不可分性，即环境的使用具有共享性和非排他性，故环境具有公共物品属性。环境的公共物品属性导致污染红利抑制的融资活动很难通过私人生产者或投资者得到保证，从而无法通过市场活动来抑制污染红利。原因是“搭便车”者为免费得到高质量环境，有意隐藏自己的偏好，这使得环境的需求量难以确定，这必然导致投入、产出间的联系不清楚，个人投资的成果受到他人行为的限制。对于那些追求利润、必须靠交易才能收回投资的私人生产者或投资者来说，他们没有主动性来提供这种服务，也没有意愿对污染红利抑制进行投资。目前我国污染红利抑制的投资主体是国家和各级政府，这主要是以下原因引起的：

首先，污染红利抑制不可能由老百姓一家一地去进行，只能由地方政府提供集中处理的公共产品与服务。对城市生活性质的污染红利，在加强监管之余，治本之策是环保基础设施的完善与有效运转，否则，一味责罚，也将是缘木求鱼。

其次，工业污染红利抑制也需要提供公共产品。即使工厂达标排放，成百上千工厂的积聚就会使我们有理由相信，单纯依靠对单个工厂的监管或提高污染红利使用标准，都可能是既不达标又不经济的；一定排放标准下的集中处理，恰恰是利用了公共产品可以大规模生产供应的规模经济规律，全社会的福利将是最优化的。由此，在批准企业建厂之时，如果我们没有集中处理其污染物的实际安排，至少在政府为企业服务的公共产品上我们是“遗忘”的或失职的。

政府在污染红利抑制过程中提供公共产品要遵循“谁投资、谁受益”的原则，充分运用市场机制抑制污染红利，积极推进投资多元化、产权股份化、运营市场化和服务专业化，实行集中治污、有偿服务，努力提高抑制污染红利的效益，建立政府、企业、社会公众多元化的有关污染红利抑制的投融资机制。

四、地方政府角色的双重性对污染红利抑制的影响

（一）地方政府角色的双重性

地方政府一方面是公共产品和公共服务的提供者，另一方面必须维系自身的生存和发展。相应的，地方政府也具备了两大对立统一的特性。

（1）公共性。地方政府是公共产品和公共服务的提供主体，这就决定了地方政府的公共性特性。地方政府是政府管辖区域范围内的公共利益的代表，对地方公共事务进行管理和领导，以维护和促进区域公共利益为目标。在市场不能发挥作用的领域，需要政府的干预才能使经济更加富有效率，如失业问题就是政府作为公共主体发挥作用的领域。因为根据市场逻辑，企业由于竞争而会不断提高竞争能力，要提高竞争能力，企业就必须千方百计地降低成本。要降低成本，企业就必须加强管理、提高技术、裁减多余人员，而每一项措施都会导致失业的增加，再加上有些人由于多方面的原因而竞争力不强，不适应企业的需要，故市场在就业方面会显得毫无办法，出现市场失灵现象，政府正好可以弥补市场的缺陷而使得失业减少。

（2）私利性。根据斯密的理论，地方政府也是理性经济人，具有自利性。政府是一个经济主体，就像企业和个人等市场主体一样，也有自己的利益，也是一个具有有限理性的市场主体，在政府和企业等经济主体发生矛盾的时候，政府也会从自己的利益着想，故产生了法律对政府行为的约束，会出现民告政府的法律诉讼现象。并且政府是由一些个人组成，这些个人都是

一些追求自己最大利益的经济主体，政府之所以大力发展经济，提高可支配的财政权利的一个原因是为了树立自己在群众中的威信，从而受到群众的尊敬，这就是政府经济主体的主要表现。政府作为经济主体另一个最重要的表现就是政府有它自己的成本与收益，这个成本与收益不同于企业的货币化的成本与收益，政府的成本与收益表现在职务升迁中，它难以用货币化的政策显现，通常与政府官员的个人效应、世界观、人生观联系。

（二）政府角色的私利性对污染红利的影响

1. 对污染红利利用的影响

在传统的计划经济体制下，地方政府在权力和利益方面处于明显的从属地位。地方政府与上级政府的基本职能是一致的。地方政府不会制定有悖于全局的环境政策，其基本的选择是按照上级政府赋予的权力去实现区域整体利益。在向市场经济体制转轨的过程中，地方政府逐渐被赋予了相对独立的利益和经济管理的自主权，地方利益成为地方政府首先必须加以考虑的因素。作为利益主体的地方政府，在地区利益驱动下，以破坏环境资源为代价而追求 GDP 的增长，是符合经济理性的。地方政府理性行为的结果，产生了“公地悲剧”。我国多起跨流域、跨地区的环境资源问题，究其根本原因，是地区利益障碍及政府间的博弈行为造成的。由于环境资源治理活动不可避免的外部性，地方政府之间存在着一定的“搭便车”的动机。

各地方政府的私利性使得地方政府在决策过程中并不必然代表区域公共利益，因此也存在地方政府为了谋求私利而不惜牺牲公共利益的隐患。目前我国各县市都想大力发展工业以振兴经济，片面追求本区域的经济增长指标，再加上诸如“你不减排污总量，我也不减”“你多排，我也可以多排”的狭隘的局部利益思想，使得污染当作红利使用，严重影响了环境质量。

2. 政府角色的私利性对污染红利抑制的影响

作为独立的利益主体，地方政府有其独特的利益追求。这种利益追求贯穿于地方政府在政府间关系的行为取向。以污染红利的合作抑制为例，作为一个理性的经济实体，地方政府会对是否抑制污染红利所带来的可能结果即未来的收益作理性的判断。如果地方政府对抑制污染红利的未来收益的价值评价不高，地方政府就会选择不抑制污染红利的行为模式；反之则选择抑制污染红利甚至是联合其他区域政府抑制污染红利的模式。由于私利性的作用，从短期来看地方政府会因为合作对自身利益的影响存在的不确定性而采取防备性的策略。但从长远来看，为了有效抑制污染红利，地方政府从合作的高度逐渐地加强地方政府之间的利益磨合，则将逐渐地意识到合作所带来的未来的利益，意识到合作能够在未来给双方带来较大的利益，这样对合作抑制污染红利的未来收益评价就将提高，则地方政府将作出合作策略的选择：（合作，不合作）。合作与不合作，完全是地方政府基于理性经济人的行为选择。所有利弊权衡和行为选择都是为了实现自身利益的最大化，地方政府无论选择了何种关系模式，都是建立在有利于自身利益发展和追求的基础之上。

上述分析表明：地方政府的两大特性决定了污染红利使用与抑制的过程中，地方政府不仅仅是污染红利抑制这一公共事务的管理主体，同时也是具有特殊利益的污染红利使用的行为主体。当特殊利益和公共利益发生冲突时，地方政府的选择将直接关系公共利益的得失。对地方经济利益的追求，环境质量破坏结果所产生的负的外部性，使得地方政府更有激励加大对环境的开发与利用，故带来了把污染当作红利使用的行为，导致了污染红利的出现。

五、结论

通过研究污染红利抑制的相关理论，可以得到以下结论。

首先，市场机制对污染红利抑制的影响表现为：①从污染红利利用视角分析，由于负外部性的存在，企业实际污染利用数量会超过社会资源配置最优时的污染利用数量，导致污染红利出现而造成环境质量受到损害。②从污染红利抑制视角分析，由于正外部性的存在，企业污染红利抑制数量会低于社会资源配置最优时的抑制数量，导致污染红利抑制不足。

其次，政府对污染红利抑制的影响表现为：地方政府一方面是公共产品和公共服务的提供者而具有公共性，另一方面必须维系自身的生存和发展而具有私利性。由于地方政府私利性的存在，其更有激励把污染当作红利使用而不愿意选择抑制污染红利。

第二节　我国污染红利抑制的政策工具

一、我国污染红利抑制政策的发展阶段

从改革开放到现在，我国污染红利抑制大致可以分为四个阶段。

第一阶段：从中共十一届三中全会到1992年。1983年第二次全国环境保护会议，将环境保护确立为基本国策。1984年5月，国务院出台的《关于环境保护工作的决定》正式将环境保护纳入国民经济和社会发展计划。1989年第三次全国环境保护会议，提出了推行“环境保护目标责任制、城市环境综合整治定量考核、排放污染物许可证、污染集中控制、限期治理、环境影响评价、‘三同时’、排污收费”等8项环境管理制度，以同年开始实施的《中华人民共和国环境保护法》为代表的环境法规体系初步建立。通过这些环境政策的实施，我国污染红利抑制的手段基本确立。

第二阶段：1992～2002年。1992年联合国环境与发展大会后，中共中央、国务院发布《中国关于环境与发展问题的十大对策》，把实施可持续发展确立为国家战略。大力推进“一控双达标”工作，全面开展“三河三湖”水污染防治，以及“两控区”大气污染防治，使得污染红利抑制政策进一步得到强化；启动了退耕还林、退耕还草、保护天然林等一系列生态保护重大工程，为环境禀赋提高奠定了基础，从污染要素的供给角度对污染红利进行了抑制。

第三阶段：2002～2012年。中共十六大以来，2002年、2006年和2011年国务院先后召开第五次、第六次和第七次全国环境保护会议，中共中央、国务院先后提出“环境保护是政府的一项重要职能”“保护环境关系到我国现代化建设的全局和长远发展，是造福当代、惠及子孙的事业”“坚持在发展中保护、在保护中发展”等精神主旨，做出一系列新的重大决策部署。上述政策为进一步开启较为严格的污染红利抑制吹响了号角。

第四阶段：中共十八大以来。中共十八大将生态文明建设纳入中国特色社会主义事业总体布局，美丽中国走向社会主义生态文明新时代。这是具有

里程碑意义的科学论断和战略抉择，标志着我们党对中国特色社会主义规律认识的进一步深化，昭示着要从建设生态文明的战略高度来认识和解决我国环境问题。近年来，国家先后制定并颁布了“大气十条”“水十条”“土十条”等行动计划，进一步完善了污染红利抑制的政策工具，标志着我国污染红利抑制的严格性已经到来。

二、我国污染红利抑制的政府手段

（一）加大对污染红利抑制的科技投入

我国对污染红利抑制的投入主要表现在污染红利抑制的科技投入。围绕污染红利抑制，全国各地组织实施了一系列重大关键共性技术研发和成果转化。一是加快节能减排技术研发。如部分地区积极组织企业与高校、科研院所共同承担国家和省、市、县科技计划项目，特别是针对钢铁、印染、化工、医药等污染密集型行业的污染控制开展集成技术攻关。重点组织研发推广减量污染综合利用技术。二是以产学研战略联盟为依托，组织专家调研污染密集型企业节能减排共性关键技术，减少了污染排放，抑制了把污染当作红利使用的行为。三是支持节能减排技术支撑平台建设，组建了大量企业工程中心和重点实验室。依托相关高校、研究院所，加强资源环境高技术领域创新团队和研发基地建设，扶持了一批节能减排工程技术研究中心，使把污染当作红利而大为排放的现象减少。

（二）关停并转政策

关停并转政策是政府进行污染红利抑制所采取的十分严厉的措施，它对污染红利抑制具有重要作用。2012 年以来，我国在污染红利抑制的过程中，坚决取缔“十五小”和“新五小”企业，关闭、取缔列入淘汰落后生产能力、工艺和产品目录的项目，关停未经工商登记、环保部门审批的污染企业。对未按期完成限期治理任务、不符合国家产业政策、无环保手续及相关证照、无污染防治设施、污染物超标排放、污染严重的企业和落后装备，采取强制断电措施，责令严格按照整治标准和时限完成整治任务；对不符合国家产业政策的落后生产装备实施强制淘汰；对无环保手续、无采矿许可证、采矿许可证超期的采石场实施关闭取缔；对工艺装备简陋、无环保手续、无污染防治设施、污染严重的非法小企业强制取缔；对不能稳定、全面达标生产的企业，进行限期治理，不能完成限期治理任务的，责令停业、关闭。

（三）环境产品名录政策

环境产品名录清单政策逐渐成为污染红利抑制的一个重要“抓手”。自2007年以来。原国家环保总局启动综合名录研究制定工作，名录政策制定的方法学和实施机制不断完善。从2007年开始，每年都会根据节能减排的最新形势，结合环境产品的环境影响特征，发布一个年度报告。综合名录可以为经济部门实施税收、贸易、金融等经济政策提供一个明确的调控对象。有利于有关经济政策的精准施策，从而使得该政策在污染红利抑制中发挥了重要作用。比如涉重金属的高污染电池、挥发性有机污染物含量较高的涂料产品纳入消费税征收范围，对“双高”产品不给与综合利用增值税优惠，不取消出口退税、禁止对其加工贸易。此外，可以基于该名录清单对生产“双高”产品企业的实施严格授信管理，推动企业实施绿色采购等。

（四）生态补偿政策

目前，我国的生态补偿探索积极推进，政策调控范围不断扩大，体系不断健全，在污染红利抑制中的作用越来越重要。一是国家重点功能区转移支付范围扩大、额度增加。截止到2015年，国家重点生态功能区转移支付县市已达512个。在2014年中央财政转移支付额下达480亿元的基础上，2015年中央财政预算安排专项转移支付509亿元。2008～2015年，中央财政累计下拨国家重点生态功能区转移支付2513亿元。二是一些地方开展了空气质量补偿试点探索，主要是通过财政资金奖惩的方式来激励地方政府进行空气质量改进，以抑制将污染当作红利使用的行为。山东、湖北以及河北邯郸、贵州贵阳等开展了试点，这是生态补偿（空气质量）中一种新形式的探索。实质上是创新运用财政政策工具来促进地方政府更好地抑制污染红利。

（五）落实企业的污染监测公开制度

2014年1月，环保部出台《“十二五”主要污染物总量减排监测办法》，要求排污单位实时公布污染监测结果。受此影响，我国部分地区已着手推动企业主动公开自行监测信息，被要求公开污染排放信息的企业主要为排放废气和废水的工业企业和城镇污水处理厂，信息公开的内容应包括企业名称、监测时间和点位、主要污染物及特征污染物的排放浓度和达标情况等；废气污染物监测数据每小时公开一次，废水监测数据每两小时公开一次，并要在取得监测数据一小时之内公开；未安装自动监控设备的企业，需至少每日开展1次手工监测，并于次日公开监测结果。同时，企业要对自行监测数据的准确性和真实性负责，不得虚报、漏报或隐瞒不报；地方环保部门要对各企业污染源自动监控设备运行和数据公开情况实施检查。显然，污染监测公开制度对企业减少污染当作红利使用的行为具有重要影响。

（六）加大对企业抑制污染红利的刺激政策

首先，鼓励企业抑制污染红利。为了抑制企业将污染当作红利使用的经济行为，我国各地加大了对企业的经济激励手段，出台了以下措施：一是财政每年安排专项资金，对企业主动新上节能技术、节能项目、推广清洁生产等，进行扶持奖励。二是对重点耗能企业、污染源企业实行年度考核，凡未完成年度节能减排目标的，取消本年度对企业的各项奖励扶持等政策待遇，实行“一票否决制”，连各类荣誉评选资格也要取消，且还要在新闻媒体上曝光，企业经营者要公开做出承诺。三是对未完成年度节能减排考核目标的企业，还要按标煤折算成电量，分档收取超能耗资金，专项用于企业节能工作。四是对超过排污许可证核定的排放总量的企业，实行限期治理，限期治理期间，采取限产、停产等措施。其次，落实调控政策，强化产业引导。产业政策是污染红利抑制的重要手段，近年来，我国主要从两个方面下手。一是出台正面引导鼓励类政策，全国各类地区陆续设立了节能减排专项资金用于对企业进行污染红利抑制的奖励。二是严格执行差别支持政策。对污染排放较为严重的企业在政策上不予以优惠和减免或其他形式返还。以差别电价为例，我国部分地区每年均按照国家和省有关要求和具体实施办法，对高耗能和高污染企业进行认真甄别和分类，按照规定范围、加价标准和时间，对这些企业执行差别电价政策，以激励企业抑制把污染当作红利使用的行为。

三、我国污染红利抑制的市场手段

（一）排污费政策

为了有效抑制污染红利，我国排污费征收标准呈现越来越严格的状况。自2014年国家发改委、财政部和环境保护部联合印发《关于调整排污费征收标准等有关问题的通知》后，各地积极推进落实提标工作，调整幅度不一，如北京调敖后的收费标准高出6~8倍、天津高出4~6倍；河北分三步调整至通知要求的2~5倍，上海分三步调整至2.5~6.5倍，江苏分两步调整至3~4倍，山东分两步调整至2~5倍，湖北分两步调整至1~2倍。从调整标准的范围看，除国家规定的四项主要污染物外，浙江、山东、河南、宁夏四省区全面提高了废水、废气所有污染物排污费征收标准。一些地方积极推进精细化的差异性排污收费，以更有效激励企业污染减排，降低其将污染当作红利使用的现象。如天津根据污染物排放浓度设定了7个阶梯的差别化收费标准、上海设定了4个阶梯的差别化收费标准。从排污费征收金额看，尽管主要污染物总量下降，但是排污收费额在增加。如2014年已经实施调标的北京排污费增加2.47亿元，同比增长745%，增幅全国最高；天津排污费增加1.9亿元，增长103%；浙江排污费增加1.3亿元，增长14%。

我国排污收费政策自1982年确立以来，对抑制污染红利起了重要作用。首先，提高了各级地方政府和工作人员对污染红利抑制重要性的认识。《排污费征收使用管理条例》改变了政府和工作人员对于抑制污染红利的认识，该管理规定中的一些力度很大的措施不仅仅警示了排污企业，也警示了各级政府和工作人员，使他们认识到抑制污染红利是经济发展中的一件大事，使各级政府和工作人员明确了肩上的责任，为坚决贯彻“谁污染、谁治理”这一政策付诸行动，为落实排污收费制度的各项要求提供了具体措施和行为标准。其次，促进了企业加强技术改造和开展资源的综合利用，从源头上减少将污染当作红利使用的行为。排污收费制度的建立其目的并非是为了收费，主要是为了督促企业进行技术改造，开展资源的综合利用，减少污染红利的使用数量。这些技术改造方式包括：①采用能够使资源能源最大限度地转化为产品、污染物排放量少的新工艺来代替污染物排放量大的落后工艺；②采用无污染、少污染、低噪声、节约资源能源的新型设备来代替那些严重污染环境、浪费资源能源的陈旧设备；③采用无毒无害、低毒低害原料来代替剧毒有害原料；④采用技术先进、效率高和经济合理的净化处理设施来代替效率低、运行费用高、占地面积大的净化处理设施等技术改造来实现抑制污染红利的目的。

（二）排污权交易政策

我国排污权交易制度的酝酿工作可以追溯到1988年开始试点的排污许可证制度。1989年，国务院又进一步批准了污染排放许可证制度。与申报登记相比，许可证制度的进步之处在于，环保部门对申请排污单位的排污与否和多少，拥有审查批准的权力，并可定期监督检查，这对污染红利抑制具有较强影响力。

20世纪80年代末90年代初，我国就在上海率先尝试大气污染控制方面的排污权交易试点工作。1996年，我国正式将排污物排放总量控制列为“九五”期间环境保护考核目标后，各地开始在排污权交易方面进行了一些探索。2001年9月，美国环保协会以及江苏省南通市环保局，更是共同促成了中国首例二氧化硫排放权交易的完成。2002年3月，国家环境保护总局正式下发“环办函［2002］51号文”，决定与美国环保协会一起，在山东省、山西省、江苏省、河南省、上海市、天津市、柳州市以及中国华能集团公司，开展“推动中国二氧化硫排放总量控制及排污交易政策实施的研究项目”（简称“4+3+1”项目）。

2012年中共十八大结束后，我国排污权交易政策进一步获得了完善。一是国家《排污权出让收入管理暂行办法》出台，这是我国排污权有偿使用和交易政策的一个重大进展，是继2012年《关于进一步推进排污权有偿使用和交易试点工作的指导意见》后出台的第二个关于排污权交易的国家规章，也是第一个关于排污权交易的国家出面的具体办法。过去排污权出让收入由于缺乏相关规定，造成资金使用不规范、资金无法使用等问题，文件的出台在一定程度上解决了该问题。该文件规定排污权出让收入属于政府非税收入，全额上缴地方国库，纳入地方财政一般预算，统筹用于污染减排，以降低将污染当作红利使用的行为。二是排污权交易试点继续深化。据不完全统计，我国已有北京、上海、广东、江苏、浙江、福建、山东等11个省市已发布72项各类管理文件，涉及有偿使用、交易管理办法及细则、基准价格、收入使用管理、排污权分配确定、交易程序及规则、实际排污量核定、排污权储备、排污权抵押贷款等方面，这11个试点省市基本上建立了较为健全的排污权交易政策体系。

（三）绿色金融政策

绿色金融是借助绿色资本市场来抑制污染红利的一个重要手段。目前，我国绿色金融政策取得了较大进展。一是结合企业环境信用体系建设的绿色信贷政策在加快推进。2015年，环境保护部联合国家发改委印发了《关于加强企业环境信用体系建设的指导意见》，该意见强调了地方要加强企业环境信用体系建设，加快建立企业环境保护“守信激励、失信惩戒”机制，使得企业环境信用信息系统开始进入全国统一的信息共享交换平台。目前，我国已有8万多家企业环境违规信息纳入人民银行征信管理系统，作为银行业全国金融机构信贷决策的主要依据。中国银监会也在配合环保部的这一决定而积极推进绿色信贷，其与国家发改委联合印发了《能效信贷指引》，鼓励银行业等金融机构通过实施能效信贷，支持产业结构调整和企业技术改造升级，从而达到抑制污染红利的目的。

（四）绿色贸易政策

为了抑制污染红利，环境因素越来越成为我国贸易政策关注的焦点。环境产品协定谈判是今后我国国际贸易工作的重点内容之一，主要集中在谈判方对环境产品范围的争议。此外，环境因素也将成为我国贸易政策审议工作的重点内容，如在我国积极推进建设高水平自由贸易区建设的过程中，环境议题成为国际自贸区和投资规则领域关注的重要议题。2015年6月1日，中国与韩国自由贸易协定在韩国首尔正式签署。在中韩自贸协定中，专门设立了独立的环境与贸易章节，其内容主要包括环境保护水平、多边环境公约、环境法律法规的执行、环境影响评估、双边合作及资金安排等多项内容。其中，对于自贸协定实施进行环境影响评估，以及同意为环境与贸易章节的实施设立资金激励机制的两项措施反映了我国抑制污染红利的决心，这是我国首次在自贸协定中做出规定，将为今后我国与其他国家开展自贸协定与环境议题谈判提供重要参考。可见，为了加快污染减排，抑制污染红利，我国已展开了全方位的针对性措施。

四、我国污染红利抑制政策的不足之处

（一）基于政府手段的不足之处

1. 管制政策有待改进

污染红利抑制的政府管制政策是具有强烈行政干预色彩的政府行为，也是目前我国抑制污染红利的一项最严厉的政策措施。对于那些采取限期治理不能达标或污染严重而治理无望的企业，实行关停并转是最后的污染控制措施，该政策体现了政府对污染红利问题的严重关切和抑制污染红利的重大决心，并在实践中取得了明显的经济、社会、环境效益。从目前我国情况来看，该政策的执行效果较好，政府对该政策的执行比较认真和彻底，关停率一般在95%以上。但是，该政策也存在不可避免的一些问题。首先，是政策的应急性问题，关停政策是在环境污染迅速加重，环境质量恶化加剧的环境紧急状态下制定和实施的应急性政策手段，是采取了超常规的大规模的行政强制行动。其次，关停政策与其他管理政策出现冲突，导致在被关停的企业中，有部分企业的污染物排放既符合达标排放，也符合总量控制目标，但也被强行关停。最后，具体执行中难免存在一些过激行为和片面做法，采取“一刀切”的方式，这在一定程度上打击了部分企业发展经济的积极性。

2. 目标群体主动参与和支持程度低

污染红利抑制政策的执行工作涉及目标群体十分广泛，其中比较有代表性的目标群体是企业、公众及环保非政府组织（NGO）。这些目标群体对污染红利抑制政策执行的主动参与和支持程度低，主要表现在：

一是部分地区尤其是经济欠发达地区的企业违法成本过低，忽视环境保护而使得污染被当作红利使用。部分经济欠发达地区为了经济的发展而对污染红利抑制的政策手段相对较为宽松，从企业的角度看，因为违反环境政策而过度使用污染红利所受到的处罚远不及环境治理的成本高，所以理性的企

业会选择成本较低的一种方式，这就导致这些地区的企业愿意缴纳罚款多使用污染要素而不愿意真正抑制污染红利。

二是公众参与机制不完善。公众积极参与公共事务管理是我国国家治理机制创新的一项重要举措，虽然公众在污染红利抑制政策上有参与和监督的权利，有举报违反环境政策的权利，但是当前公众参与机制很不完善，广大民众很难了解到真实的污染红利抑制情况，而地方政府没有搭建好适合公众表达自己诉求和建议的沟通渠道，再加上政府部门对公众的诉求和建议不能及时处理、反馈，导致信息交流不及时、不畅通等，这些都会阻碍到公众参与。此外，对于公众举报的事件，如若对政府的利益不利，这些举报就会被压制或无人处理，这在一定程度上打消了广大民众主动参与污染红利抑制的念头。

三是环保 NGO 面临发展困境。个人参与污染红利抑制的力量是有限的，但环保 NGO 参与污染红利抑制政策的执行所做出的贡献是不容小觑的。环保 NGO 作为民间组织，它的组织成员来自广大的人民群众，在宣传环保知识、调动公众参与污染红利抑制活动的积极性上都起到非常重要的作用；同时，环保 NGO 中有许多具有丰富的环保知识和经验的组织成员，这对污染红利抑制政策的有效执行会产生一定的推进作用。但目前地方环保 NGO 仍然面临着官方介入程度过大、自主权利过小、资金短缺、环保专业人才素质有待提高等困境。

3. 生态环境补偿政策不完善

首先，当前我国的生态补偿基本上只实施了天然林保护、退耕还林、矿区植被恢复等项目，并且实施地区相对较小，还有大多数提供生态服务产品的地区未享受到生态补偿的待遇。其次，还有很多将污染当作红利大量使用而破坏生态环境的企业并没有主动承担起生态破坏的补偿责任。国际上生态补偿普及度相当高，生态服务付费机制也较完善。为了有效抑制污染红利，近年来，我国在河南、河北、浙江等地开展了省市流域跨市县水质生态环境补偿试点的探索；在内蒙古、江西、青海等典型地区也开展了生态环境补偿政策试点。尽管我国多样化的生态补偿试点探索在积极地开展，但总体上只是试点工作的初级阶段，距离真正的贯彻实施还有很长的路要走，实施效果能达到什么水平就更难预料。

（二）基于市场手段的不足之处

1. 排污权交易的不足

首先，二级市场建立比较困难。我国排污权交易只实现了政府与排污者之间的交易，只建立了一级市场，没有建立真正的二级市场。我国排污权的交易标的都来自新增减排量，要保证交易量的持续供给，就必须不断有新增的减排量才行。由于我国企业多为中小企业，普遍技术水平较低和缺乏环保资金，大部分企业都利用污染红利而使得排污处于超标运行状态，自顾尚且不暇，何来余力出售减排指标，故出于以后发展的考虑，有多余排污权的企业也不会出售，造成排污权供给的惜售，为二级市场建立带来了困难。

其次，排污权交易广度有限。排污权交易方式涉及同类污染物、不同污染物和多种污染物交易的处理，以及区域内排污权交易和不同区域间排污权交易的处理。从经济建设和抑制污染红利角度出发，需要在不同的控制区域和不同的污染物之间开展排污权的交易。但我国目前对排污权交易的范围和排污权交易标的都有严格规定，目前我国排污权交易只考虑了同类污染物在同一区域的交换，对于同一区域，不同污染物排放权交易、不同区域，同种污染物排放权交易等交易方式还没有涉及。

最后，排污权有偿使用没有时间限制。从我国部分政府部门颁布的相关文件可以看出，我国在排污权有偿使用上没有时间限制，排污权一次购买，可以终生排污，这就剥夺了他人的公平竞争权，使政府政策成为一种长期左右排污权交易运行趋势的因素，形成了市场围绕政策转的局面，大大削弱了市场机制的作用，降低了市场运行质量，从而使得利用排污权交易政策抑制污染红利的效果受到影响。

2. 排污收费制度存在的问题

首先，排污收费标准偏低，不利于刺激企业执行污染红利抑制政策。相对于西方发达国家而言，我国的排污收费制度在排污收费标准上偏低，且排污收费的对象主要是大中型企业和一部分事业单位，对第三产业和部分民营企业的排污收费仅在少量地区开始实行。由于排污收费标准偏低，污染在企业眼中仍然是一种红利的形势存在，使得排污收费政策对污染红利抑制所起的作用相对有限。其次，排污收费的强制性程度弱，不利于排污费的征收。

由于排污收费的标准较低，并且没有规定排污收费的强制性收费规定，使得现行的排污收费制度在强制性力度上较弱，导致了对一些企业的排污费征收没有做到位；同时，一些执法人员为了罚款、收费而执法，过后根本不去检查企业到底排污多少，也没有去检查一些没有交排污费的企业到底有没有停产停业，这客观上给一些企业以可乘之机，不利于利用排污费征收对污染红利进行抑制。再次，排污收费征收程序不合理，限制了收费进度。一是排污申报登记工作不到位，大多数排污者在经济利益的驱动下，故意瞒报或谎报其实际排污量和排污种类，从而达到排污费能少则少，能不缴则不缴的目的；有的以发展经济为借口，向政府申请少缴或缓缴，从而造成排污费源的流失。二是目前大多数排污者并未安装污染物排放自动监控仪，如果采取物料衡算或其他有关数据作为依据，必须由企业提供有关资料，由于经济利益关系而使得采取这种方式的难度大。三是对排污收费的核定还未能引起各级环境监察部门的重视，部分环境保护主管部门根据企业经营状况、承受能力甚至人情关系搞协商收费，从而很难做到依法、足额核定收费额，造成排污费征收金额失实。

由于排污费政策的若干局限，我国于2016年制定了《环境保护税法》，这也意味着从2018年1月1日起，我国施行了近40年的排污收费制度将退出历史舞台。通过排污费改环保税，有利于提高执法刚性，减少地方政府干预，内化环境成本。同时，由于环保税按排放量征收，多排多缴，少排少缴，有利于促进企业提升环保水平，减少将污染当作红利使用的行为。此外，通过“费”改“税”，可以着力解决排污费政策存在的执法刚性不足、地方政府干预等问题，提高纳税人环保意识和遵从度，强化企业治污减排的责任，从而为污染红利抑制得到有效执行奠定了法制基础。

五、结论

我国污染红利抑制的政府手段主要包括加大对污染红利抑制的科技投入、关停并转政策、产业引导政策、企业环境名录政策与环境生态补偿政策等。从前面分析可知，我国加大了污染红利抑制的科技投入、关停并转日趋严格、企业环境名录与生态环境补偿政策日趋完善；同时，我国还通过产业引导，发展污染含量较少的产业，逐步淘汰部分污染密集型异常严重的产业等多种方法来抑制污染红利。不言而喻，我国污染红利抑制的政府手段正呈现出日益严格的局面，应该说，这对我国抑制污染红利是有益的。但是，我国污染红利抑制的政府手段也呈现如下不足之处。首先，管制政策有待改进。一是关停政策与其他管理政策相冲突；二是在政策在具体执行中难免存在一些过激行为和片面做法。其次，污染红利抑制政策的执行工作涉及目标群体十分广泛，但这些目标群体对污染红利抑制政策执行主动参与和支持程度低。再次，当前我国的生态补偿政策实施地区相对较小，还有大多数提供生态服务产品的地区未享受到生态补偿的待遇，这对利用生态补偿政策抑制污染红利产生了不利影响。

就污染红利抑制的市场手段而言，目前的主要政策有排污收费政策、排污权政策、绿色金融政策与绿色贸易政策等。我国排污权交易发展到现在已有大约 20 年的发展历程，虽然排污权一级市场效果较为显著，但二级市场效果还不是很明显。此外，排污权交易的其他缺点还有：污染源监督效率需要提高、排污权交易广度有限、有偿使用没有时间限制等。我国排污收费政策自 1982 年确立以来，其对抑制污染红利起了重要的作用。一方面，其提高了各级地方政府和工作人员对环境保护重要性的认识；另一方面，该政策促进了企业加强技术改造和开展资源的综合利用。然而，目前排污收费制度也存在很多问题，如征收程序不规范、排污费征收标准偏低、收费项目不健全等，从而不利于利用该制度刺激企业执行污染红利抑制政策。鉴于此，我国排污收费政策即将被排污税所取代。排污税有利于解决排污费政策存在的上述问题，提高纳税人环保意识和遵从度，强化企业治污减排的责任，从而为污染红利抑制得到有效执行奠定了法制基础。

第三节 我国污染红利抑制政策的抑制绩效

从理论上讲，不同污染红利抑制政策的功能与作用并不会是完全相同的。例如，直接管制型政策工具能够有效抑制污染红利，但是需要政府了解每个企业的成本开支。因此，采用这种污染红利抑制政策工具的交易成本过高，容易导致降低该政策工具的实际执行效率。市场型污染红利抑制政策工具可以使不同企业减少污染红利使用的边际成本相等，弥补直接管制型抑制政策工具的不足，但其抑制污染红利的效果不如直接管制型政策工具直接和显著。可见，对于不同类别的污染红利采用不同的政策工具也许效果会更好（曾冰等，2016）。鉴于此，本书就污染红利抑制政策的抑制绩效进行分析时，将污染红利抑制政策分为政府政策与市场政策两个方面，然后探寻不同污染红利抑制政策的抑制绩效。

一、计量模型、变量与数据

（一）计量模型

根据前面的分析，本书需要分析污染红利抑制政策对污染红利抑制绩效的影响。同时，鉴于还有其他变量也会影响污染红利抑制绩效，故所建立的计量模型不仅包括作为被解释变量的市场化程度，还包括影响污染红利的其他控制变量。本书决定采用以下联立方程模型来测度污染红利抑制政策对污染红利的影响。

$$POLLU_{it} = C + \alpha_1 GOV_{it} + \alpha_2 X_{it} + \varepsilon_{it} \quad (5.2)$$

$$POLLU_{it} = C + \alpha_1 MAR_{it} + \alpha_2 X_{it} + \varepsilon_{it} \quad (5.3)$$

其中，下标 i 和 t 分别表示我国各省市和时间。GOV 表示政府管制政策，MAR 表示市场化政策，POLLU 表示污染红利，$X_{i,t}$ 是影响污染红利抑制绩效的其他控制变量，ε_{it} 为误差项。样本为我国 30 个省（区、市），年度数据的时间跨度为 1998～2015 年。

（二）变量选取

1. 被解释变量：污染红利的抑制绩效

本书用污染红利依存指数来表征污染红利的抑制绩效指标，文章分两步对污染红利依存指数进行计算。

（1）计算污染红利依存度。

参照外贸依存度定义，本书将污染红利依存度定义为：污染排放量与

GDP 的比值。不言而喻，污染红利依存度反映了经济发展对污染红利的依赖程度。

本书选取以下 3 个指标来计算污染红利依存度。

废水红利依存度 =（废水排放量/GDP）×100%

废气红利依存度 =（废气排放量/GDP）×100%

工业粉尘红利依存度 =（工业粉尘排放量/GDP）×100%

从上述污染红利依存度定义不难发现：污染红利依存度指标具有以下特征。首先，既然污染红利依存度表征了经济发展对污染红利的依赖程度，故污染红利依存度越高，则该地区经济发展对污染红利的依赖程度越大，也说明该地区经济发展对环境破外的程度越大。其次，污染红利依存度曲线反映了经济主体对污染红利进行利用或抑制的变化趋势。如果污染红利曲线呈上升趋势，则说明经济主体正扩大污染红利的利用强度；反之，如果污染红利曲线呈下降趋势，则说明经济主体正采取污染规制措施对污染红利进行抑制。再次，污染红利依存度只适应于对同类污染物进行比较。对于不同的污染物来说，由于其性质不同，其对环境造成破外的特征与程度也不相同。例如，一吨废气带来的环境污染与一吨废水带来的环境污染就具有不同的特征，与此类同，一吨废水带来的环境污染也与一吨工业粉尘带来的环境污染性质各异。因此，污染红利依存度虽然能反映经济主体对污染红利进行利用或抑制的变化趋势，但其无法比较不同污染物红利的利用强度。表 5 - 2 列出了我国 2008 ~ 2016 年的三类污染红利依存度。

表 5 - 2　　我国部分年份的污染红利依存度　　单位：%

年份	废气依存度	粉尘依存度	废水依存度	年份	废气依存度	粉尘依存度	废水依存度
2008	1.78	0.90	0.39	2013	1.39	0.49	0.29
2009	1.60	0.78	0.37	2014	1.22	0.38	0.25
2011	1.59	0.75	0.34	2015	0.96	0.27	0.22
2012	1.41	0.57	0.30	2016	0.74	0.24	0.18

（2）计算污染红利依存指数。

由于各个污染物性质不同，故不同污染红利的依存度指标存在不可公度性，如果某地区甲污染物红利依存度呈上升趋势，而乙污染物红利依存度呈下降趋势，其总污染红利依存度会如何变化呢？显然，单纯用污染红利依存度无法对其总体污染红利变化特征进行分析。为了克服该局限，笔者用污染红利依存指数来对污染红利变化特征进行分析。为了计算污染红利依存指数，本书先对污染物依存度指标进行标准化，标准化的方法为：

$$Y_i = X_i / \overline{X} \tag{5.4}$$

其中，Y_i 为指标 X_i 标准化后的值，该值即为污染红利依存指数。$\overline{X}$ 为指标 X_i 在观察期间（即 1992～2015 年）的平均值。然后，将 n 个标准化后的污染物红利依存指数加总，便得到了一个总污染红利依存指数（EPRI）。

$$EPRI = \sum_{i=1}^{n} \mu_i Y_i \tag{5.5}$$

其中，μ_i 为 i 污染红利依存指数的权重。从上述污染红利依存指数定义可以看出，该指标具有如下工具性价值。首先，污染红利依存指数克服了不同污染物指标间不可公度的局限，可以将不同污染红利指标进行加总，从而得出一个反映整体污染红利变化的度量指标。其次，对于不同地区的相同污染物来说，在用公式 $Y_i = X_i / \overline{X}$ 计算污染红利依存指数时，尽管两个地区的污染物依存度大小不同（即两地具有不同的 X_i），两者如果变化趋势雷同，则意味着 $X_i / \overline{X}$ 的分子与分母扩大或者缩小相同的倍数（即 $X_1 / \overline{X}_1 = X_2 / \overline{X}_2$），则两个地区的污染红利依存指数可能相同。因此，污染红利依存指数所测度的污染红利抑制强度是相对于某污染红利的自身历史数据而言，是以自身历史数据为参照标准。如当甲地 A 污染红利依存指数增加时，说明相对于甲地 A 污染红利自身历史数据而言，A 污染红利抑制强度增大了；反之，当甲地 A 污染依存指数减少时，说明相对于甲地 A 污染红利自身历史数据而言，A 污染红利抑制强度变小了。

为了计算我国的污染红利依存指数，我们做出以下假设：即各个污染物依存度权重相同，故本书有关我国总污染红利依存指数可表示为三个污染物依存指数的算术平均数。即 EPRI =（废水红利依存度标准化值 + 废气红利依存度标准化值 + 工业粉尘红利依存度标准化值）/3。

2. 解释变量：污染红利抑制政策工具变量

本书把污染红利抑制政策工具变量分为以下两类：

（1）基于政府主导政策的工具变量（GOV）。本书以政府历年对环境防治的科技投入来对之进行表征。

（2）市场型政策工具变量（MAR）。该类政策工具主要是环境税费、可交易排污许可证等，本书以人均排污收费额来表示。

3. 控制变量

（1）经济发展水平（GDP）。环境污染一般是伴随着经济发展而产生的，著名的环境库兹涅兹曲线证明了经济发展与环境污染之间的倒 U 型关系。本书采用人均 GDP 来表征各省份的经济发展水平，以此来检验经济发展水平对污染红利抑制绩效的影响。

（2）工业化程度（STR）。工业的发展对环境资源的影响很大。据统计，因工业发展带来的污染物在环境污染物总量中的占比很高。即工业化程度越高对污染红利抑制绩效的影响越大。本书用第二产业生产总值占地区 GDP 的比重来表示该地区的工业化程度。

（3）对外开放度（OPEN）。一个地区参与国际贸易会带来产品与技术的输出与输入，从而影响当地的污染红利情况。本书以地区货物进出口总额占该地 GDP 的比重来表示该地区的对外开放度。

（4）人口总量（POPU）。当人口数量变化时，其对资源需求就变化，资源需求变化会带来污染排放的变化，从而使污染红利使用法术变化。本书人口总量用符号 POPU 表示。

（三）数据来源与模型检测

本书主将时间跨度设置为 1992 ~ 2015 年，并以 1992 年作为基期对人均国内生产总值等变量均进行了平减处理，从而加强了数据的科学性和有效性，对工业化程度、对外开放度之外的其他各种变量均进行了对数化处理。本书所有数据均来源于对应年份的《中国区域统计年鉴》《中国科技统计年鉴》《中国环境年鉴》以及“中国知网”数据库。各变量的描述性统计，见表 5 – 3。

表 5－3　　各变量的描述性统计特征

变量	MAR	GDP	POPU	OPEN	STR	POLLU	GOV
Mean	0.085	2.1845	0.4324	0.1475	0.1413	3.6417	2.997
Median	0.0638	1.637	0.3814	0.0319	0.0386	3.4671	2.8726
Maximum	0.3563	9.1242	1.0594	1.8452	1.7382	5.415	4.7586
Minimum	0.0139	0.2819	0.0518	0.0023	0.0011	2.3700	1.8915
Std. Dev.	0.0608	1.7316	0.2606	0.2789	0.2759	2.2413	0.5955
Skewness	1.6155	1.5669	0.5294	3.2924	3.2435	0.5227	0.7019
Kurtosis	5.738	5.3923	2.3852	15.829	14.692	2.9315	2.7892

由于本书研究不同省份在不同时间点上的污染红利抑制政策对污染红利抑制的影响关系，牵涉到不同的横截面数据和时间序列数据，因而采取目前通行的面板数据模型较合适。本研究分两步进行模型设定检验。首先，用 F 检验来确定是采用混合模型还是个体固定效应模型。根据 EViews9.0 的统计结果，政府主导型污染红利抑制政策、市场主导型污染红利抑制政策影响污染红利抑制绩效计量模型的 F 值分别为 12.1162、11.8707，相应的 P 值分别为 0.0000、0.0077，可见，F 检验均拒绝了采用混合模型的原假设。其次，为了确定是采用固定效应模型还是随机效应模型，文章用 Hausman 检验对之进行了判别。根据 EViews7.0 的统计结果，政府主导型污染红利抑制政策、市场主导型污染红利抑制政策影响污染红利抑制绩效的计量模型的 Chi－Sq. d.f 数值分别为 71.7073、23.9777，相应的 P 值分别为 0.0000、0.0011，故本研究决定对二者均用固定效应模型进行实证检验。

二、实证分析

（一）基本回归结果分析

表 5－4 表明，政府主导型污染红利抑制政策、市场主导型污染红利抑制政策影响污染红利抑制绩效的回归系数的 T 统计量分别为 －5.9969、－1.5929，分别在 1%、5% 范围内显著，表明政府主导型污染红利抑制政策、市场主导型污染红利抑制政策是污染红利抑制绩效的解释变量。政府主

导型污染红利抑制政策每增加 1%，污染红利依存指数便减少 0.7978%；市场主导型污染红利抑制政策每增加 1%，污染红利依存指数便减少 1.5929%，说明从政府主导型污染红利抑制政策、市场主导型污染红利抑制政策角度分析，我国污染红利抑制政策对有利于污染红利的抑制。

表 5－4　　基本回归与稳健性检验结果

变量	基本回归结果				稳健性检验结果			
	GOV		MAR		GOV		MAR	
	系数	T 值	系数	T 值	系数	T 值	系数	T 值
GDP	-0.0110***	-1.3154	0.0290***	6.5146	0.0272***	1.7860	0.0215***	5.1579
POPU	0.5241*	1.0977	-0.0866*	-1.4239	0.3914**	1.8362	-0.0575*	-1.0202
STR	0.1029***	1.6512	-0.0260*	-1.2922	0.0363*	1.2262	-0.0106*	-1.5497
OPEN	0.3336*	3.7562	-0.0047	-1.4196	0.3257***	3.7940	-0.0022	-1.2079
POLLU	-0.0855***	-5.9969	-0.0011*	-1.5929	-0.0994***	-6.3970	-0.0020*	-1.0575

注：*、**、*** 分别表示通过 10%、5%、1% 水平下的显著性检验。

（二）稳健性分析

在这部分，我们用政府主导型污染红利抑制政策和市场主导型污染红利抑制政策滞后一期对污染红利抑制绩效的影响进行稳健性检验。从表 5－3 的回归结果分析，当我们用滞后一期的解释变量指标后，虽然二类污染红利抑制政策对污染红利抑制绩效指标的系数有了或大或小的变化，但政府主导型污染红利抑制政策对污染红利依存指数的影响系数仍然为负值且在 1% 范围内显著，市场主导型污染红利抑制政策对污染红利依存指数的影响系数也仍为负值且在 10% 范围内显著。从控制变量视角分析，表 5－4 回归结果显示：各控制变量对污染红利抑制绩效的影响系数有了或大或小的变化，但其显著性情况基本与表 5－3 左侧基本回归结果条件下的显著性情况保持一致。这说明：本书所使用的回归模型及其结果较为稳健。

（三）基于不同地区的考察

为了进一步探寻污染红利抑制政策对污染红利抑制绩效的影响，本书决定根将我国各省分为东部、中部、西部三类地区，以探寻不同地区的污染红利抑制政策对污染红利抑制绩效的影响。表5－5显示，在东部地区，不仅政府主导型污染红利抑制政策力度加大会带来污染红利依存指数减少（影响系数在1%范围内显著）、市场主导型污染红利抑制政策力度加大也会带来污染红利依存指数减少（影响系数在10%范围内显著）。在中部地区，政府主导型污染红利抑制政策力度加大会带来污染红利依存指数减少（影响系数在1%范围内显著），但市场主导型污染红利抑制政策力度加大会带来污染红利依存指数增加（影响系数在1%范围内显著）。在西部地区，政府主导型污染红利抑制政策与市场主导型污染红利抑制政策力度加大均会带来污染红利依存指数减少（二者的影响系数均在1%范围内显著）。表5－5的实证结果对表5－4的回归结果进行了进一步的结构化说明。首先，表5－4显示，我国污染红利抑制政策力度加大会带来污染红利依存指数减少，通过表5－5可以发现，我国三类地区的污染红利抑制政策力度加大均会带来污染红利依存指数减少，说明该实证结果在我国三类地区呈现普遍现象，这三类地区均应加大政府主导型污染红利抑制政策力度。其次，表5－3显示，我国市场主导型污染红利抑制政策力度加大会带来污染红利依存指数减少，表5－4则显示，除了中部地区以外，我国东部与西部地区的市场主导型污染红利抑制政策均会带来污染红利依存指数减少，说明我国东部与西部地区均应加大市场主导型污染红利抑制政策的力度，以减小本区域的污染红利依存指数。

表5－5　　不同地区的回归

变量	东部地区		中部地区		西部地区	
	GOV	MAR	GOV	MAR	GOV	MAR
GDP	0.0289* (1.9807)	0.0282*** (3.7603)	－0.3348*** (－4.4675)	0.0088* (1.3022)	0.3557*** (4.0926)	0.0055* (1.6437)
POPU	－0.3260 (－1.9247)	－0.0221 (－1.2458)	2.6639*** (2.4382)	－0.3104*** (－3.1237)	1.1637* (1.9031)	－0.2025* (－1.5861)
STR	－0.2308* (－1.8218)	－0.0027* (－1.0845)	－5.3132*** (－2.7381)	－0.1538* (－1.8719)	－2.5609*** (－2.2729)	－0.0211* (－1.1887)
OPEN	0.4520*** (5.2747)	0.0105*** (0.4831)	－0.8896* (－1.9370)	0.1228* (1.4227)	1.9935*** (2.0393)	－0.4036*** (－4.1664)
POLLU	－0.1056*** (－6.8592)	－0.0035* (－2.8863)	－0.2238*** (－8.4655)	－0.0047*** (－1.9709)	－0.0761*** (－2.7309)	－0.0059*** (－2.1668)

注：*、**、***分别表示通过10%、5%、1%水平下的显著性检验。

比较4类不同地区对污染红利依存指数的影响系数大小可以发现：从政府环境视角分析，影响系数最大的为中部地区，其次为东部地区，最小为西部地区。这说明：从政府主导型污染红利抑制政策视角分析，中部地区随着政府主导型污染红利抑制政策力度加大，其污染红利依存指数减小幅度最大、东部地区次之、西部地区的污染红利依存指数减小幅度最小。其所蕴含的政策含义是：东部地区与西部地区要加大政府主导型污染红利抑制政策力度，从而减少污染红利的利用程度。从市场主导型污染红利抑制政策视角分析，影响系数做大的为西部地区，其次为东部地区，中部地区的影响系数则为正数。这进一步说明，我国东部与西部地区均要重视市场主导型污染红利抑制政策，而西部地区尤应加大市场主导型污染红利抑制政策力度，以达到减小污染红利依存指数的目的。

（四）基于不同时间段的考察

前面的分析表明，从政府主导型污染红利抑制政策与市场主导型污染红利抑制政策视角分析，随着污染红利抑制政策力度加大，污染红利依存指数呈现出日益减小趋势，且东部、中部与西部地区均呈现这种状况。那么，不同时间段的污染红利抑制政策力度加大对污染红利依存指数的缩小有作用吗？鉴于此，本书决定以2010年为界限来探讨不同时间段的污染红利抑制政策对污染红利依存指数的影响。

表5-6显示，从政府主导型污染红利抑制政策视角分析，在2010年前，政府主导型污染红利抑制政策对污染红利依存指数的影响特征为：政府主导型污染红利抑制政策力度每增加1%，污染红利依存指数加大0.1211%，且在1%范围内显著；2010年后，政府主导型污染红利抑制政策力度每增加1%，污染红利减少0.0897%，亦在1%范围内显著；比较二者的系数大小可以发现，减除农业税后，政府主导型污染红利抑制政策力度增加对污染红利的影响系数由正变负，这说明，2010年后政府主导型污染红利抑制政策力度增加对污染红利依存指数的减少具有积极作用。

从市场主导型污染红利抑制政策视角分析，在2010年前，市场主导型污染红利抑制政策对污染红利依存指数的影响特征表现为：市场主导型污染红利抑制政策力度每增加1%，污染红利依存指数便减少0.0059%（影响系数在1%范围内显著)；2010年后，市场主导型污染红利抑制政策力度每增加1%，污染红利依存指数减少0.0049%（影响系数在1%范围内显著)。这同样表明，从市场主导型污染红利抑制政策视角分析，我国污染红利抑制政策力度增加对污染红利抑制具有正向作用。

表5-6　　不同时间阶段的回归

变量	2010年前		2010年后	
	GOV	MAR	GOV	MAR
GDP	0.0681* (0.7924)	0.0247*** (2.6963)	-0.0581*** (-1.4994)	0.0055*** (0.6437)
POPU	1.8353*** (2.5050)	-0.1228* (-1.5745)	2.0245*** (2.4288)	-0.2025*** (-1.5861)
STR	-0.3447* (-0.8971)	-0.0321* (-0.7836)	0.0268 (0.1243)	-0.0211*** (-0.1887)
OPEN	0.1776* (0.8436)	-0.0394*** (-1.7563)	0.0235 (0.2483)	-0.4036*** (-1.6645)
POLLU	-0.1211*** (-5.2983)	-0.0059*** (-2.4531)	-0.0897*** (-2.3373)	-0.0049*** (-2.1667)

注：*、**、***分别表示通过10%、5%、1%水平下的显著性检验。

三、结论

本研究用我国2000~2015年的省级面板数据就污染红利抑制政策对污染红利抑制绩效的影响进行了实证分析，得到了以下研究结论。

（1）政府主导型污染红利抑制政策与市场主导型污染红利抑制政策是污染红利依存指数的解释变量；我国污染红利抑制政策力度增加会带来污染红利依存指数减少。

（2）不同地区的实证分析结果表明：从政府主导型污染红利抑制政策视角分析，我国不同地区的污染红利抑制政策力度增加均会带来污染红利依存指数减小，中部地区的污染红利依存指数减小系数最大，东部地区次之，西部地区的污染红利依存指数减小系数最小。从市场主导型污染红利抑制政策视角分析，除了中部地区以外，我国东部地区与西部地区的污染红利抑制政策力度加大均会带来污染红利依存指数减少，影响系数最大的为西部地区，其次东部地区，中部地区的影响系数则为正数。

（3）不同时间段的实证分析结果表明：从政府主导型污染红利抑制政策视角分析，2010 年后政府主导型污染红利抑制政策力度加大对污染红利依存指数的减少具有积极作用；从市场主导型污染红利抑制政策视角分析，2010 年后生产污染红利抑制政策力度加大对污染红利依存指数的减少同样具有积极作用。

本研究表明，为了抑制污染红利，我们应制定较为严格污染红利抑制政策。首先，政府应加大政府主导型污染红利抑制政策的力度，加大对环境污染防治的科技投入，鼓励企业利用先进技术进行减排；同时，应加大企业利用污染红利的管制力度，对企业的排污行为加大处罚力度。其次，应进一步重视市场主导型污染红利抑制政策，优化排污税政策，进一步完善排污权政策、绿色金融与绿色贸易政策，以从多个角度减小污染红利的使用，从而杜绝将污染当作红利使用现象的出现。

第四节　本章小结

本章从污染红利抑制的相关理论、污染红利抑制的政策工具、污染红利抑制的政府资源分散配置以及污染红利的抑制绩效等四个方面考察了我国污染红利的抑制，得到了以下研究结论。

（1）有关污染红利抑制的相关理论可以得到以下结论：由于负外部性的存在，企业实际污染红利利用数量会超过社会资源配置最优时的污染红利利用数量；由于正外部性的存在，企业污染红利抑制数量会低于社会资源配置最优时的抑制数量，导致污染红利抑制不足；由于地方政府私利性的存在，其更有激励把污染当作红利使用的而不愿意选择抑制污染红利。

（2）我国污染红利抑制的政府手段主要包括加大对污染红利抑制的科技投入、关停并转政策、产业引导政策、企业环境名录政策与环境生态补偿政策等。尽管我国污染红利抑制的政府手段正呈现出日益严格的局面，但我国污染红利抑制的政府手段也呈现三个需要改进之处，即管制政策有待改进、目标群体对污染红利抑制政策执行主动参与和支持程度低，还有大多数提供生态服务产品的地区未享受到生态补偿的待遇等。就污染红利抑制的市场手段而言，目前的主要政策有排污收费政策、排污权政策、绿色金融政策与绿色贸易政策等。目前市场手段的主要不足之处有：排污权二级市场效果还不是很明显、污染源监督效率需要提高、排污权交易广度有限、有偿使用没有时间限制等。我国排污收费政策对抑制污染红利起了重要的作用，但也存在很多问题，如征收程序不规范、排污费征收标准偏低、收费项目不健全等，鉴于此，我国排污收费政策即将被排污税所取代。

（3）我国政府污染染红利抑制资源呈现分散配置状，部门之间职能交叉和重叠，导致部门之间协调出现困难。在污染红利抑制资源分散配置的约束下，我国政府部门污染红利抑制资源提供呈现惜供特征。我国污染红利抑制资源之所以必须整合是由于以下三个方面的原因：一是污染红利抑制政策制订需要统筹考虑各部门污染红利抑制资源；二是污染红利抑制项目管理需要整合各部门的污染红利抑制资源；三是污染红利抑制资金管理需要整合各部门污染红利抑制资源。

（4）本书最后用我国 2000 ~ 2015 年的省级面板数据就环境政策对污染红利抑制绩效的影响进行了实证分析，结果表明：首先，政府环境政策与市场环境政策的力度增加均会带来污染红利依存指数减少。其次，不同地区的实证分析结果表明：从政府环境政策视角分析，我国不同地区的环境政策力度增加均会带来污染红利依存指数减小；从市场环境政策视角分析，除了中部地区以外，我国东部地区与西部地区的环境政策力度加大均会带来污染红利依存指数减少。最后，不同时间段的实证分析结果表明，2010 年后政府环境政策与市场环境政策的力度加大对污染红利依存指数的减少均具有积极作用。

第六章 结论与对策

第一节 本书结论

本书就污染红利相关理论、我国污染红利的形成、污染红利对经济增长的影响、污染红利的抑制等方面进行了分析，得出了以下几个方面的结论。

（1）有关污染要素的理论分析表明：首先，在市场经济体制下，企业的生产与污染是均衡的。一定的生产会产生相应数量的污染，污染受到生产的制约，但污染对生产具有反作用。其次，污染要素价格的影响因素包括两个方面。一是自然资源（尤其是不可再生资源）的丰裕程度和可替代、可更新程度越大，污染处理技术能力越强，则污染要素的价格会越低；二是环境偏好程度高的国家往往污染要素价格也相对较高。再次，污染作为一种生产要素具有成本效应和替代效应，污染红利之所以导致污染集聚是由于污染红利的纯价格效应与财富竞争效应联合引致。最后，根据我国历年统计年鉴与对我国污染红利库兹涅茨特征的分析，发现我国污染红利可以以 2010 年为分界点，在 2010 年之前为我国是污染红利的形成阶段，在 2010 年之后则为我国污染红利的抑制阶段。

（2）本书从环境禀赋转化为污染红利的约束机制、地方政府竞争与污染红利的形成、行政垄断与污染红利的形成、收入差距与污染红利的形成等四个方面考察了我国污染红利的形成机制，得到了以下研究结论。首先，从环境禀赋形成机理的角度分析：污染红利受生产、贸易与技术发展约束；经济发展的低级阶段倾向于产生污染红利；经济发展的高级阶段则倾向于抑制污染红利。其次，由于地方政府竞争的存在，各地方政府均倾向于对污染不进行严格规制，由此导致了政府污染规制乏力；当政府污染规制乏力时，企业污染红利就会出现。再次，地区行政垄断程度的增加会导致财政收入、收入差距与投资的增加；财政收入、收入差距与投资增加均会导致污染红利增加。最后，收入差距对污染红利除了有一个直接影响以外，还有一个通过结构效应与经济增长作用的间接影响。

（3）污染红利对经济增长的影响表现为以下几个方面。首先，由于污染红利一方面会导致企业扩大生产规模，另一方面会改变贸易结构，故污染红利具有经济引擎效应。本书以我国经验数据为样本进行了实证分析，结果证实了污染红利对经济增长具有正面影响。其次，污染红利对工业经济增长的影响具有以下特征：一方面，三类污染红利与工业产业竞争力的相关性较强；另一方面，对时序数据的平稳性检验、协整关系检验、Granger 因果检验与脉冲响应函数法的分析结果均表明，三类污染红利对人均工业总产值增长具有正向影响。最后，污染红利对我国中小企业市场势力的影响表现为：如果中小企业能够将更多的污染红利抑制成本转嫁给社会承担，则其生产的数量增加幅度会更大，利润率也会更高。为了进一步验证上述推理的正确性，本研究还对我国污染红利与中小工业企业市场势力的关系进行了实证检验，结果证实了污染红利的利用促进了对我国中小工业企业市场势力的提高。

（4）有关污染红利抑制方面的研究具有以下结论。首先，有关污染红利抑制的相关理论可以得到以下结论：由于负外部性的存在，企业实际污染红利利用数量会超过社会资源配置最优时的污染红利利用数量；由于正外部性的存在，企业污染红利抑制数量会低于社会资源配置最优时的抑制数量，导致污染红利抑制不足。其次，我国污染红利抑制的政策工具具有如下不足：一是政府手段呈现三个需要改进之处，即管制政策有待改进、目标群体对污染红利抑制政策执行主动参与和支持程度低，还有大多数提供生态服务产品的地区未享受到生态补偿的待遇等。二是在市场手段方面，排污权二级市场效果还不是很明显、污染源监督效率需要提高、排污收费政策的征收程序不规范、排污费征收标准偏低、收费项目不健全等，鉴于此，我国排污收费政策即将被排污税所取代。再次，我国政府污染红利抑制资源呈现分散配置状，部门之间职能交叉和重叠，导致我国政府部门污染红利抑制资源提供呈现惜供特征。最后，我国政府主导型污染红利抑制政策与市场主导型污染红利政策的力度增加均会带来污染红利依存指数减少，不同地区与不同时间段的实证分析也证实了此结论的正确性，说明我国污染红利抑制政策对污染红利抑制起到了正向作用。

第二节　对策分析

一、推进政府管理体制改革

研究表明，我国地区行政垄断程度、收入差距、地方政府竞争等均会导致污染红利增加。因此，我们应推进政府管理体制改革以抑制污染红利。

（一）合理界定政府职能

当前，各级政府日益强化的资源配置权力和对经济活动的干预，不仅使对财政收入的竞争日趋激烈，也使得我国投资过度、居民收入差距日益扩大，最终带来了严重的环境污染问题，而这都和政府权力有关，故合理界定政府职能显得十分必要。首先，应界定政府与市场的关系。根据市场经济的要求，界定政府权力的范围，使政府的权力归政府，市场的权力归市场。政府的主要职责应该是经济调节、市场监管、社会管理和公共服务，不应贪图部门的狭隘利益而破坏其本身的公共性。其次，转变政府职能，把政府工作的重点转移到宏观经济领域。政府职能之一在于创建公平竞争的环境，不应给任何直接或间接破外生态环境的利益集团以特殊的差别待遇。这就要求政府给予市场主体待遇的公平性与合法性，强化市场秩序的功能，制定和实施相关法规，制止污染密集型投资、污染密集型消费与污染密集型出口等不正当经济行为的出现，从而杜绝相关市场主体将污染当作红利使用现象的产生。

（二）缩小和限制政府权力

政府官员同一般经济人一样，亦具追求部门私利的理性，如果没有外在约束，其会运用手中公共权力为部门谋取私利，从而允许污染密集型企业存在，允许企业获得污染红利，最终导致严重的环境污染问题出现。治本的办法是缩小公共空间，减少公共权力能够配置的公共资源，尽可能利用市场机制来配置所有的资源。建立对运用公权力的政府有效监督的机制。应把党内监督、法律监督、群众监督、舆论监督结合起来，尤其要重视群众的有效监督来制约政府权力。在信息成本上，当地群众对当地政府的监督成本比上级政府低得多，因此，应该保证当地群众表达诉求的渠道畅通，切实加强群众的监督功能，使其能有效制约政府的各种不当经济行为，从而保证当地经济的可持续发展。

（三）完善目前的财税体制

中国分权式改革给地方政府带来了较强的财税激励，从而使得地方政府为了本辖区内财税收入的增加而有意提高其行政垄断程度。然而，本研究的计量分析显示，我国地方政府对财政收入的竞争深刻地影响了其污染红利抑制行为，进而导致了其辖区内污染红利的增加，故完善目前的财税体制显得十分重要。首先，合理划分政府间收支责任。由于地方政府承担了过多的财政支出责任，从而导致其大力扩大投资、允许污染红利存在等增加辖区内财政收入的行为。为此，应科学划分政府间财权和事权，增强地方政府的服务功能，减弱地方政府的经济增长压力。其次，完善转移支付制度。为了降低环境污染水平，我国有必要在维持当前相对较高的支出分权度的同时，进一步完善财政转移支付制度，通过建立制度化、规范化、具有导向性的财政转移支付制度，一方面减少落后地区因财政增收压力而大力发展污染密集型产业的动力，另一方面则引导地方政府将更多财政资金投入到环境污染治理工作之中。最后，健全地方财政民主，增强财政透明度。通过增强地方政府的财政透明度，规范地方政府的预算行为，增加其民生财政收入，减小居民收入差距，从而间接减少把污染当作红利行为出现的可能性。

二、优化产业政策体系

我国目前已成为世界第二大经济体，但是我们也应该冷静地看到，我国的经济总量在不断扩大的同时，发展方式还比较粗放，还有很多重大的经济结构需要优化。经济结构调整的成败与否，已经成为关系我国污染红利抑制能否成功的重中之重。

（一）加快经济结构调整并与抑制污染红利相结合

具体来讲，加快经济结构调整需针对高消耗、低产能的传统产业进行，大力发展高新技术产业，如电子信息、新材料以及环保与资源综合利用等行业。同时，应强化环境准入和退出机制，推动去除落后和过剩产能，促进新增产能提高品质。钢铁、煤炭、有色金属、水泥、焦化、石化、化工、纺织、印染、氮肥、电镀等传统制造业资源、能源消耗高且环境污染严重。在对这类行业进行去产能、绿色化改造的过程中，可以将污染红利抑制政策作为一种工具或手段，通过完善环境监管执法机制、优化环境标准体系等，积极促进淘汰落后产能和化解过剩产能，调整优化传统供给侧的结构。将发展绿色产业、环保产业作为经济结构调整、寻找新增长点的重要举措。通过深化环境准入制度改革，引领新兴产业发展，实现增量结构优化。

（二）从污染红利抑制出发调整宏观经济政策

第一，为实现不同发展时期的经济效益、社会效益以及污染红利抑制效益的统一，制定切实可行的对外贸易战略，以政策带动污染红利依赖度较少产品生产与进出口；第二，基于经济、社会以及资源与环境的全方位综合角度的考虑，逐渐减少甚至消除对污染红利有较大依赖的产业进行补贴的政策，促使产业结构调整；第三，进行有必要、有选择性的税制改革，如将环保税作为一种宏观经济手段融入市场运行之中，实现对污染红利的抑制。

（三）完善环境标准体系

环境标准在促进污染红利抑制、产业结构优化、经济发展方式转变等方面发挥了较大作用。但仍存在部分国家标准制定（修订）滞后、地方环保标准发展缓慢等问题。为充分发挥标准在污染红利抑制和推进供给侧改革的作用，亟须进一步完善环境标准体系。围绕制定和实施大气、水、土壤污染防治行动计划，加快修订地表水、地下水、海水、土壤、机场噪声、振动等环境质量标准，以及畜禽养殖场、污水处理厂、机动车、船舶、地面交通噪声、污水综合、大气综合等污染物排放标准，制定涂装、农药、染料、酿造、农副食品加工、页岩气、煤化工等污染物排放标准。在对行业整体发展情况及污染治理水平等进行综合考量的基础上，对污染红利使用贡献大的行业进一步提高污染物排放标准，提高重污染产能门槛，加速淘汰，倒逼行业转型升级。执行区域差别化标准制度，针对严格实施现行国家污染物排放标准后，污染红利使用仍然不能达标的地区以及产业集中度高、环境问题突出、当地群众反映强烈的地区等区域，加强地方环保标准体系建设。

三、强化企业对污染红利的抑制

（一）建立健全企业主体参与污染红利抑制的激励机制

实施污染红利抑制“领跑者”制度对激发市场主体节能减排内生动力、促进污染红利抑制绩效持续改善具有重要意义。建立污染红利抑制“领跑者”制度，通过表彰先进、政策鼓励、提升标准，推动污染红利抑制模式从“底线约束”向“底线约束”与“先进带动”并重转变。推动企业大力实施绿色供应链管理制度创新与实践，提升从生产投入、过程到产品和消费的环境要求，将绿色理念和要求全面融入供给侧和消费侧体系，是促进经济发展与污染红利抑制协同发展的有力抓手。

（二）加大对中小企业污染红利使用与抑制的管控力度

由于中小企业在市场中处于弱势地位，这使其更趋向利用污染红利，通过逃避承担污染红利抑制成本获得竞争优势，因此，我国尤应加大对中小企业污染红利使用与抑制的管控力度。

第一，加强监督引导，加大对中小工业企业污染红利使用与抑制的约束力。要加强对中小企业的管理，必须多管齐下，加强监督引导更是必不可少。

根据以往的实践，一要建立健全督导机制。二要坚持集中整顿与日常监督相结合，防止出现中小工业企业污染红利抑制热一阵、冷一阵，上头热、下头冷、中间梗。三要因地制宜抓好中小工业企业污染红利抑制的样板，并适时总结典型经验，引导面上企业污染红利抑制工作的开展。与此同时，要帮助中小企业建立污染红利抑制基础制度，促使企业加强能源计量、统计、考核等基础管理工作，推行单位产品能（水）耗限（定）额管理制度，对未达到能耗限额的产品，采取措施，严格限制，推动污染红利抑制工作深入开展和中小工业企业综合竞争力的提升。

第二，健全组织，加强对中小工业企业污染红利抑制工作的指导和服务。鉴于中小工业企业面广量大，污染红利抑制工作任务繁重，应在各级中小工业企业管理部门建立中小工业企业污染红利抑制服务中心。其职责：其一，对素质不高、增长方式粗放、工装落后、资源利用率低、污染要素使用严重的中小工业企业，组织专家队伍进行污染红利抑制咨询和诊断，为中小工业企业寻找适合的污染红利抑制技术和产品，并提供设计、培训、融资、改造、运行管理等服务；其二，协助中小工业企业主管部门制定中小工业企业污染红利抑制目标、重点以及相关政策措施；其三，协助环保和技术监督部门做好中小工业企业污染红利抑制的监督检查工作。

第三，出台政策，加大对中小工业企业污染红利抑制的扶持力度。我国中小工业企业经过20多年的发展，为区域经济快速发展做出了重大贡献，同时也付出了资源和环境的代价，要在短时间扭转这一局面，坚持走节约集约利用资源的发展路子，必须“有保有压”，加强对中小工业企业污染红利抑制的扶持力度。对高能耗、高成本、高污染、低产出的中小工业企业要压，对实力虽弱，但注重研发、技改和购置环保设备的企业要保。通过设立专项资金，发挥税收、金融的杠杆作用，促使中小工业企业污染红利抑制更上一层楼。

四、矫正地方政府污染红利抑制政策的执行偏差

（一）科学制定污染红利抑制政策

为了提高环境的生态品质，更加有效地完成污染红利抑制任务，开辟经济和环境的可持续发展道路，当地方污染红利抑制政策与国家法律的有关规

定不尽一致时，应当按照法制统一的原则及时予以修改，提高地方污染红利抑制政策制定与全国污染红利抑制政策的衔接性，好让污染红利抑制政策执行主体执法时有法可依。

（二）强化污染红利抑制政策执行主体的责任意识，加大污染红利抑制政策的执法力度

强化政府主体的责任意识，让他们能够意识到污染红利抑制工作对广大民众生活的重要意义，改变政绩考核方式，提高完成污染红利抑制政策执行效果在绩效考核里的比例。地方政府主体要明确优良的生态环境是公共利益追求的目标，始终围绕经济发展和污染红利抑制的协同发展，关注生态环境问题，积极推进政府主导型的污染红利抑制战略，保证公众的环境公共利益的实现。

污染红利抑制政策执行机关不能一味地采取例行的行政手段，要采取多种手段加大对违法企业的执法力度。其一，对违反污染红利抑制政策的相关企业，应当处以政策规定最高限的相关处罚；其二，对于污染要素使用较高的企业，不仅要采取经济手段对企业进行经济处罚，还应要采取法律手段对企业负责人追究法律责任；其三，对于屡犯的企业，应该加大污染红利抑制政策的执法力度，采取相应的行政强制措施，如禁发或吊销排污许可证、查封或扣押企业财产等。

要加强污染红利抑制政策执行部门的协调合作。污染红利抑制政策执行是一种复杂、系统的过程，需要各个相关部门的高度协调配合才可以有效地执行。因此，要落实相关部门的责任，把污染红利抑制工作以责任制的形式分配给每个相关部门，让环保部门对其他相关部门履行责任的情况进行统一的监督。同时，上一级环保部门应该要增强和当地政府主体的沟通交流。沟通不了的，上一级环保部门应该请求上一级的政府进行协调，并建立问责机制，强化污染红利抑制政策的有效执行。

五、引导目标群体参与污染红利抑制政策执行

（一）完善公众参与污染红利抑制政策机制

政府部门要主动公开污染红利抑制工作信息，让公众可以充分了解本地

区目前的污染红利抑制工作情况，保证公众的知情权。可以建立公众参与会议制度，公众选举代表出席相关污染红利抑制工作会议，提出自己的意见和建议，通过完善群众参与制度和法律法规，调动群众的积极性和参与度。

（二）积极培育环保非政府组织（NGO）

地方政府应该积极鼓励和支持环保 NGO 参与到污染红利抑制政策执行中来。首先，地方政府要肯定环保 NGO 的合法身份，给予环保 NGO 自主决定的权利。如果 NGO 的官方色彩过浓，民间性、自治性淡化，那么容易忽视或难以代表成员的利益和愿望，就会丧失必要的社会信任和支持，也影响了其社会参与能力。因此，环保 NGO 可以承担的工作地方政府应该放手，并且给予环保 NGO 自主决定的权利。其次，要拓宽环保 NGO 的资金来源渠道。最后，地方政府可以帮助环保 NGO 培训环保专业人才，提高人员的综合素质，以应对污染红利使用与抑制问题。

六、完善污染红利抑制的市场政策

（一）改革资源环境价格政策

环境资源价格政策是污染红利抑制政策的重要领域。进一步完善资源价格政策，亟须加强研究并出台自然资源定价指南，建立健全能够灵活反映市场供求关系、资源稀缺程度和环境损害成本的资源性产品价格形成机制，运用市场手段引导企业主动进行污染红利抑制。

（二）推进财税制度“绿色化”

绿色财税制度通过对传统税制进行全面系统的“绿化”调整，提高绿色财税制度在整体传统财税制度中的比重，以达到促进资源合理开发使用和污染红利抑制的目标。为进一步发挥财政税收政策的引导作用，财税制度绿色化改革需持续大力推进，建立财政资金投入稳定增长机制。各级政府继续加大环保领域投入，重点是要支持生态保护、绿色低碳技术研发等领域。尝试采用符合市场规律的财政投入方式，通过政府出资设立或者参与创投、产业基金等新型投融资方式，引导产业发展，扶持绿色经济。将高能耗、高污染和严重消耗资源的产品等纳入消费税征收范围，提高部分产品的消费税税率水平和结构，合理调整消费税的征收环节。进一步完善税收优惠政策，研究制定并落实有利于污染红利抑制、生态建设、新能源开发利用的税收优惠政策。

（三）优化生态保护补偿机制

鼓励各地出台相关法规或规范性文件，不断推进生态保护补偿制度化和法制化。健全财政转移支付制度，将污染红利因素纳入财政转移支付体系，依靠中央创新财政转移支付制度，加大转移支付力度。在财政转移支付中增加生态环境影响因子权重，增加对生态脆弱区域和保护效果良好区的支持力度。合理提高补偿标准，加快建立生态保护补偿标准体系，根据各领域、不同类型地区特点，以生态产品产出能力为基础，完善测算方法，分别制定补偿标准。逐步扩大补偿范围，逐步实现森林、草原、湿地、荒漠、河流、海洋和耕地等重点领域和禁止开发区域、重点生态功能区等重要区域全覆盖。

（四）加快建立绿色金融体系

由于政策法律效力较低、机制建设不完善、操作性较差等问题，尚未能有效建立绿色金融对于市场资源的良性配置作用，亟须进一步完善绿色金融体系。推动绿色信贷、绿色证券、环境污染责任保险等立法进程，制定绿色信贷、绿色保险、绿色证券等业务操作细则。开展地方环境银行试点建设，积累经验，树立典范，并积极协调金融管理部门，探索建立国家级绿色银行。鼓励各类金融机构加大绿色信贷发放力度。积极推进上市公司建立环保信息强制性披露机制，研究设立绿色股票指数和发展相关投资产品，推进绿色债券，鼓励对绿色信贷资产实行证券化。支持设立市场化运作的各类绿色发展基金。建立规范的地方政府举债融资机制，支持地方政府依法依规发行债券，用于生态保护领域建设。完善环保污染责任保险政策，加强宣传和教育引导企业自主投保，创新政策引导和奖励机制，在环境高风险领域建立环境污染强制责任保险制度，加强环境污染责任保险能力建设等。

参考文献

中文部分

[英] 阿弗里德·马歇尔．经济学原理 [M]．朱志泰，译．北京：商务印书馆，2005.

白永亮，党彦龙，杨树旺．长江中游城市群生态文明建设合作研究——基于鄂湘赣皖四省经济增长与环境污染差异的比较分析 [J]．甘肃社会科学，2014 (1)：199 -204.

包群，等．外商投资与东道国环境污染——存在倒 U 型曲线关系吗? [J]．世界经济，2010 (1)：3 -17.

庇古．福利经济学 [M]．北京：商务印书馆，2006.

蔡昉，王德文．中国经济增长可持续性与劳动贡献 [J]．经济研究，1999 (10)：62 -68.

蔡昉，等．经济发展方式转变与节能减排内在动力 [J]．经济研究，2008 (6)：4 -11.

曾冰，郑建锋，邱志萍．环境政策工具对改善环境质量的作用研究：基于2001—2012年中国省际面板数据的分析 [J]．上海经济研究，2016 (5)：39 -46.

陈延斌，等．山东省经济增长与环境污染水平关系的计量研究 [J]．地域研究与开发，2011 (5)：50 -54.

崔亚飞，刘小川．中国省级税收竞争与环境污染：基于1998 -2006年而板数据的分析 [J]．财经研究，2010，36 (4)：46 -55.

邓柏盛．我国对外贸易、FDI与环境污染之间关系的研究：1995—2005［J］．国际贸易问题，2008（4）：101－109.

邓荣荣，詹晶．基于“污染天堂”假说检验的湖南经济增长与环境综合质量关系研究［J］．地域研究与开发，2013（4）：160－164.

丁继红，年艳．经济增长与环境污染关系剖析——以江苏省为例［J］．南开经济研究，2010（2）：26－33.

段显明，许敏．基于PVAR模型的我国经济增长与环境污染关系实证分析［J］．中国人口·资源与环境，2012（11）：136－139.

方行明，刘天伦．中国经济增长与环境污染关系新探［J］．经济学家，2011（2）：76－82.

方时姣．生态环境要素禀赋论与国际贸易理论的创新［J］．内蒙古财经学院学报，2004（1）：97－98.

高宏霞，等．中国各省经济增长与环境污染关系的研究与预测——基于环境库兹涅茨曲线的实证分析［J］．经济学动态，2012（1）：52－57.

顾春林．体制转型期的我国经济增长与环境污染水平关系研究［D］．上海：复旦大学，2003.

郭军华，李帮义．中国经济增长与环境污染的协整关系研究——基于1991—2007年省际面板数据［J］．数理统计与管理，2010（2）：281－293.

侯伟丽，等．污染避难所在中国是否存在？——环境管制与污染密集型产业区际转移的实证研究［J］．经济评论，2013（4）：65－72.

黄蕙萍．环境要素禀赋和可持续性贸易［J］．武汉大学学报，2001（6）：668－674.

科斯，阿尔钦等．财产权利与制度变迁［M］．上海：上海人民出版社，1994.

赖宝成，王英华．先进生产力中的生态环境要素分析［J］．辽宁工程技术大学学报：社会科学版，2005（1）：27－28.

李错，齐绍洲．贸易开放、经济增长与中国二氧化碳排放［J］．经济研究，2011（1）：60－72.

李飞，等．中国经济增长与环境污染关系的再检验——基于全国省级数据的面板协整分析［J］．自然资源学报，2009（11）：1912－1920.

李利军，李艳丽．环境生产要素理论演进［M］．北京：科学出版社，2010.

李树生．西部大开发中的生态保护与资金支持［M］．北京：中国金融出版社，2005.

李小平，卢现祥．国际贸易、污染产业转移和中国 CO_2 排放［J］．经济研究，2010（1）：15－26.

李小胜，等．中国经济增长对环境污染影响的异质性研究［J］．南开经济研究，2013（5）：96－114.

李艳丽，李利群．环境生产要素理论探讨［J］．石家庄铁道学院学报（社会科学版），2009（12）：13－19.

李子豪，刘辉煌．FDI 对环境的影响存在门槛效应吗？——基于中国 220 个城市的检验［J］．财贸经济，2012（9）：101－108.

林毅夫，孙希芳．银行业结构与经济增长［J］．经济研究，2008（9）：31－45.

刘洁，李文．中国环境污染与地方政府税收竞争：基于空间面板数据模型的分析［J］．中国人口·资源与环境，2013，23（4）：81－88.

刘金全，郑挺国，宋涛．中国环境污染与经济增长之间的相关性研究——基于线性和非线性计量模型的实证分析［J］．中国软科学，2009（2）：98－106.

刘天森，石国参．基于环境生产要素的视角论哈尔滨市绿化政策及发展方向［J］．现代农业科技，2012（9）：250－252.

刘卓珺．中国式财政分权与经济社会的非均衡发展［J］．中央财经大学学报，2009（12）：6－10.

刘钻石、张娟．国际贸易对发展中国家环境污染影响的动态模型分析［J］．经济科学，2011（3）：79－92.

［英］罗杰·伯曼，等．自然资源与环境经济学［M］．侯元兆，译．北京：中国经济出版社，2002.

马旭东．中国收入分配差距引致环境问题的实证研究［J］．税务与经济，2012（3）：31－34.

毛晖，等．经济增长，污染排放与环境治理投资［J］．中南财经政法大学学报，2013（5）：73－79.

潘丹，应瑞瑶．收入分配视角下的环境库兹涅茨曲线研究——基于1986—2008年的时序数据分析［J］．中国科技论坛，2010（6）：94－98.

潘珊，马松．环境质量与经济增长：代际交叠模型下的理论分析［J］．生态经济，2013（4）：33－38.

彭水军，包群．中国经济增长与环境污染——基于时序数据的经验分析1985—2003年［J］．当代财经，2006（7）：5－12.

沙文兵，石涛．外商直接投资的环境效应——基于中国省级面板数据的实证分析［J］．世界经济研究，2006（6）：132－142.

沈满洪，许云华．一种新型的环境库兹涅茨曲线［J］．浙江社会科学，2000（4）：53－57.

盛斌，吕越．外国直接投资对中国环境的影响——来自工业行业面板数据的实证研究［J］．中国社会科学，2012（5）：89－107.

宋马林，等．中国入世以来的对外贸易与环境效率——基于分省面板数据的统计分析［J］．中国软科学，2012（8）：130－142.

谭志雄，张阳阳．财政分权与环境污染关系实证研究［J］．中国人口·资源与环境，2015，25（4）：110－117.

汤天滋．环境是构成生产力的第六大要素——保护和改善环境就是保护和发展生产力的解析［J］．生产力研究，2003（1）：61－62.

田东文，焦肠．污染密集型产业对华转移的区位决定因素分析［J］．国际贸易问题，2006（8）：120－124.

汪贵浦，陈明亮．邮电通信业市场势力测度及对行业发展影响的实证分析［J］．中国工业经济，2007（1）：21－28.

王飞成，郭其友．经济增长对环境污染的影响及区域性差异——基于省际动态面板数据模型的研究［J］．山西财经大学学报，2014（4）：14－26.

王佳．外商直接投资与我国工业环境污染的相关性研究［J］．经济与管理，2012（2）：24－29.

王金南．中国污染红利抑制体制与对策［M］．北京：中国环境科学出版社，2003.

吴开亚，陈晓剑．安徽省经济增长与环境污染水平的关系研究［J］．重庆环境科学，2003（6）：9－11.

夏友富．外商转移污染密集型产业的对策研究［J］．管理世界，1995（2）：112－120.

夏友富．外商投资中国污染密集产业现状、后果及其对策研究［J］．管理世界，1999（3）：109－123.

肖红，郭丽娟．中国环境保护对产业国际竞争力的影响分析［J］．国际贸易问题，2006（12）：92－96.

徐圆．经济增长、国际贸易对制造业污染排放强度的影响［J］．经济科学，2010（3）：50－60.

许和连，邓玉萍．外商直接投资导致了中国的环境污染吗？——基于中国省际面板数据的空间计量研究［J］．管理世界，2012（2）：30－43.

许士春，何正霞．中国经济增长与环境污染关系的实证分析——来自1990—2005年省级面板数据［J］．经济体制改革，2007（4）：22－26.

许正松，孔儿斌．经济增长、产业结构与环境污染——基于江西省的实证分析［J］．当代财经，2014（8）：155－159.

薛刚，潘孝珍．则政分权对中国环境污染影响程度的实证分析［J］．中国人口·资源与环境，2012，22（1）：77－83.

薛刚，陈思霞．中国环境公共支出、技术效率与经济增长［J］．中国人口·资源与环境，2014（1）：41－46.

世界环境与发展委员会．我们共同的未来［M］．王之佳，柯金良，译．吉林：吉林人民出版社，1997.

杨树旺，肖坤，冯兵．收入分配与环境污染演化关系研究［J］．湖北社会科学，2006（12）：93－96.

姚昕．经济增长、工业化和大气环境——基于PSTR模型的实证分析［EB/OL］．http：//www.doc88.com/p－8136876531804.html.

于良春，余东华．中国地区性行政垄断程度的测度研究［J］．经济研究，2009（2）：119－131.

俞雅乖．我国则政分权与环境质量的关系及其地区特性分析［J］．经济学家，2013（9）：60－67.

张宏翔，张宁川，匡素帛．政府竞争与分权通道的交互作用对环境质量

的影响研究 [J]. 统计研究，2015，32 (6)：74 -80.

张璟，沈坤荣. 财政分权改革、地方政府行为与经济增长 [J]. 江苏社会科学，2008 (3)：56 -62.

张军，高远，傅勇，张弘. 中国为什么拥有了良好的基础设施 [J]. 经济研究，2007 (3)：22 -41.

张克中，王娟，崔小勇. 财政分权与环境污染：碳排放的视角 [J]. 中国工业经济，2011 (10)：65 -75.

张乐才. 环境禀赋与污染红利 [J]. 财经问题研究，2011 (8)：22 -27.

张乐才. 污染红利与污染集聚的机理与实证 [J]. 中国人口·资源与环境，2011 (2)：58 -62.

张卫国，任燕燕，花小安. 地方政府投资行为、地区性行政垄断与经济增长 [J]. 经济研究，2011 (8)：26 -36.

张宇，蒋殿春. FDI、环境监管与工业大气污染——基于产业结构与技术进步分解指标的实证检验 [J]. 国际贸易问题，2013 (7)：102 -118.

赵会玉. 地方地方政府竞争与经济增长：基于市级面板数据的实证检验 [J]. 制度经济学研究，2009 (5)：25 -42.

赵细康. 环境保护与产业国际竞争力 [M]. 北京：中国社会科学出版社，2003.

赵新华，李斌，李玉双. 环境管制下 FDI、经济增长与环境污染关系的实证研究 [J]. 中国科技论坛，2011 (3)：101 -105.

赵新华，等. 环境管制下 FDI、经济增长与环境污染关系的实证研究 [J]. 中国科技论坛，2011 (3)：101 -105.

钟茂初，赵志勇. 城乡收入差距扩大会加剧环境破坏吗？——基于中国省级面板数据的实证分析 [J]. 经济经纬，2013 (3)：125 -128.

周茜，胡慧源. 中国经济增长对环境质量影响的实证检验 [J]. 统计与决策，2014 (1)：120 -124.

周业安，章泉. 财政分权、经济增长和波动 [J]. 管理世界，2008 (3)：6 -15.

外文部分

Aegerter B J, Nunez J J, Davis R M. Environmental factors affecting rose downy mildew and development of a forecasting model for a nursery productionsystem [J]. Plant disease , 2003, 87 (6): 732.

Afsah S, Vincent J R. Putting pressure on polluters: Indonesia's PROPER programme. in Case study for the HIID 1997 Asia Environment Economics Policy Semina [R]. Harvard Institute for International Development, 1997.

Antkowiak I, Pytlewski J, Jakubowski M. The effects of genotype and selected environmental factors on colostrum production and intake in cattle [J]. Polish journal of veterinary sciences , 2010, 13 (1): 137.

Arrow K, Bolin B, Costanza R, Dasgupta P, et al. Economic growth, carrying-capacity, and the environment [J]. Science, 1995, 268 (28): 520 -521.

Bain J. Relation of Profit Rate to Industry Concentration: American Manufacturing [J]. Quarterly Journal of Economics, 1951 (3): 293 -324.

Baumol W J, Oates W E. The Theory of EnvironmentalPolicy [M]. Cambridge, Massachusetts: Cambridge University Press, 1989.

Beckerman W. Economic Growth and the Environment: Whose Growth? Whose Environment? [J]. World Development, 1992 (25): 481 -496.

Beeker E, Lindsay C M. Does the Government free Ride? [J]. Journal of Law and Economics, 1994, 37 (1): 277 -296.

Bergstrom J C, Stoll J R, Randall A . The Impact of Information on Environmental Commodity Valuation Decisions [J]. American Journal of Agricultural Economics, 1991 (72): 614 -621.

Bergstrom J C, Stoll J R, Randall A. The Impact of Information on Environmental Commodity Valuation Decisions [J]. American Journal of Agricultural Economics, 1990, 72 (3): 614 -621.

Berrens R P, et al. Testing the Inverted-U Hypothesis for US Hazardous Waste: An Application ofthe Generalized GammaModel [J]. Economics Letters, 1997 (55): 435 - 440.

Birdsall N, Wheeler D. Trade Policy and Industrial Pollution in Latin America: Where are the Pollution Havens? [J]. Journal of Environment and Development, 1993 (2): 137 -149.

Blanchard O, Shleifer A. Federalism with and without Political Centralization: China versus Russia [R]. Working Paper 7616, NBER, 2000.

Boix C. Political parties, growth and equality: Conservative and social democratic economic strategies in the worldeconomy [M]. Cambridge University Press, 1998.

Bovenberg A, Smulders S. Transitional Impacts of Environmental Policy in an Endogenous Growth Model [J]. International Economic Review, 1996 (37): 861 – 893.

Boyce J K. Inequality as a cause of environmentaldegradation [J]. Ecological Economics, 1994 (11): 169 – 178.

Carson R T, et al. The Relationship between Air Pollution Emissions and Income: US Data [J]. Environment and Development Economics. 1997 (22): 433 – 450.

Chirinko R S, Wilson D J. Tax Competition Among US States: Racing to the Bottom or Riding on a Seesaw? [R]. San Francisco: Federal Reserve Bank, 2011.

Cole M A, Elliott R J. Determining the Trade-Environment Composition Effect: The Role of Capital, Labor and Environmental Regulations [J]. Journal of Environmental Economics and Management, 2003 (46): 363 – 383.

Cole M A. Trade, the Pollution Haven Hypothesis and Environmental Kuznets Curve: Examining the Linkages [J]. Ecological Economics, 2004 (48): 71 – 81.

Copeland B P. North-South Trade and the Environment [J]. Quarterly Journal of Economics, 1994 (5): 86 – 108.

Copeland B, Taylor M. Trade, Growth and theEnvironment [J]. Journal of Economic Literature, 2004 (42): 7 – 71.

Dasgupta S, Mody A, Roy S, Wheeler D. Environmental Regulation and Development: A Cross – Country Empirical Analysis [J]. Oxford Development Studies, 2001 (29): 173 – 187.

Dasgupta S, Laplante B, Wang H, Wheeler D. Confronting the Environmental Kuznets Curve [J]. Journal of Economic Perspectives, 2002 (16): 147 – 168

Dasgupta S, Wang H, Wheeler D. Surviving Success: Policy Reform and the Future of Industrial Pollution in China [R]. World Bank Policy Research Department Working Paper, No. 1856, 1997.

De Bruyn S M, et al. Economic Growth and Emission: Reconsidering the Empirical Basis of Environmental Kuznets Curves [J]. Ecological Economics, 1998 (25): 161 -175.

Easterly W. The Lost Decades: Developing Countries' Stagnation in Spite of Policy Reform 1980 -1998 [J]. Journal of Economic Growth, 2001 (6): 135 -157.

Ehrlich P R, Holdren J P. Impact of Population Growth [J]. Science, 1971 (171): 1212 -1217.

Engle R, Granger C. Cointegration and Error Correction: Representation, Estimation and Testing [J]. Econometrica, 1987 (55): 251 -276.

Eskeland G S, Harrison A E. Moving to Greener Pastures? Multinationals and the Pollution Haven Hypothesis [J]. Journal of Development Economics, 2003 (70): 1 -23.

Esty D C, Geradin D A. Market Access, Competitiveness, and Harmonization: Environmental Protection in Regional Trade Agreements [J]. Harvard Environmental Law Review, 1997 (21): 265 -336.

Galbraith J R, Galbraith J K. Designing Complex Organizations [M]. MA: Addison Wesley Publishing Company, 1973.

Grossman G M, Krueger A B. Economic Growth and the Environment [J]. Quarterly Journal of Economics, 1995 (110): 353 -377.

Grossman G M, Krueger A B. Environmental Impact of a North American Free Trade Agreement [R]. National Bureau of Economic Research, working paper, No, 3914, 1991.

Grossman G M, Krueger A B. The inverted-U: What does it mean? [J]. Ecological Economics, 1996 (1): 119 - 122.

Grossman G. Pollution and growth: What Do We Know [J]. The Economics of Sustainable Development, 1995 (6): 19 -47.

He J. Pollution Haven Hypothesis and Environmental Impacts of Foreign Direct

Investment: The Case of Industrial Emission of Sulfur Dioxide (SO_2) in Chinese Provinces [J]. Ecological Economics, 2006 (60): 228 - 245.

Helliwell J F. Empirical Linkages Between Democracy and Economic Growth. British Journal of Political Science, 1994, 24 (2): 225 - 248.

Kahn M E. The Geography of US Pollution Intensive Trade: Evidence from 1958 - 1994 [J]. Regional Science and Urban Economics, 2003 (33): 382 - 400.

Kinda S R. Democratic institutions and environmental quality: Effects and transmission channels [DB/OL]. http: //mpra. ub. Unimuenchen. de/27455/MPRA, Paper No. 27455, posted 14. December 2010/18: 44.

Konar S, Cohen M A. Information as Regulation: The Effect of Community Right to Know Laws on Toxic Emissions [J]. Journal of Environmental Economics and Management, 1997 (32): 109 - 124.

Kristrom B. Growth, Employment and the Environment [J]. Swedish, 2000.

Lekakis J N. Environment and Development in a Southern European Country: Which Environmental Kuznets curves? [J]. Journal of Environmental Planning and Management, 2000 (43): 139 - 153.

Lerner A. The Concept of Monopoly and the Measurement of Monopoly Power [J]. Review of Economic Studies, 1934 (1): 157 - 175.

Levinson A. Off Shoring Pollution: Is the United States Increasingly Importing Polluting goods? [J]. Review of Environmental Economics and Policy, 2010 (4): 63 - 83.

Lewis W A. Economic Development with Unlimited Supplies of Labor [J]. Manchester School of Economics and Socia lStudies, 1954 (2): 139 - 191.

Lopez R. The Environment as a Factor of Production: The Effects of Economic Growth and Trade Liberalization [J]. Journal of Environmental Economics and Management, 1994 (27): 84 - 163.

Lucas R E B, Dasgupta S, Wheeler D. Plant Size, Industrial Air Pollution and Local Incomes: Evidence from Brazil and Mexico [J]. Environmental and Development Economics, 2006 , 7 (2): 365 - 381.

Mani H, Wheeler D. Industrial Pollution in Economic Development: The Environmental Kuznets Curve Revisited [J]. Journal of Development Economics, 2000 (2): 445 - 476.

Markandya A, Golub A, Pedroso-Galinato S. Empirical Analysis of National Income and SO_2 Emissions in Selected European Countries [J]. Environmental and Resource Economics, 2006 (35): 221 - 257.

McConnell K. Income and the Demand for Environmental Quality [J]. Environment and Development Economics, 1997 (2): 383 - 400.

Meadows D H, Meadows D L, Randers J, et al. The Limits to Growth: A Report to The Club of Rome [M]. New York: Universe Books, 1972.

Millimet D L. Assessing the Empirical Impact of Environmental Federalism [J]. Journal of Regional Science, 2003, 43 (4): 711 - 733.

Mohtadi H. Environment, Growth, and Optimal Policy Design [J]. Journal of Public Economics, 1996 (63): 119 - 140.

Page B I, Shapiro R Y. Effects of Public Opinion on Policy [J]. The American Political Science Review, 1983, 77 (1): 175 - 190.

Panayotou T. Demystifying the Environmental Kuznets Curve: Turning a Black Box into a Policy Tool [J]. Environment and Development Economics, 1997 (2): 465 - 484.

Panayotou T. Economic Growth and the Environment [J]. Economic Survey of Europe, 2003 (2): 45 - 72.

Panayotou T. Empirical Tests and Policy Analysis of Environmental Degradation at Different Stages of Economic Development [R]. Geneva: ILO, Technology and Employment Programmed, 1993.

Parsley D C, Wei, S-j. Limiting Currency Volatility to Stimulate Goods Market Integration: A Price Approach [R]. NBER Working Paper, No. 468, 2001.

Pasten R, Figueroa E. The Environmental Kuznets Curve: A Survey of the Theoretical Literature [J]. International Review of Environmental and Resource Economics, 2012 (6): 195 - 224.

Perman R. Nature Resource and Environmental Economics [M]. Second Edition is Published by arrangement with Pearson Education Limited, 2002, 345 -360.

Porter M E, van der Linde C. Towards a New Conception of the Environmental Competitiveness Relationship [J]. Journal of Economic Perspectives, 1995 (9): 97 -118.

Rauscher M. Economic Growth and Tax Competition Leviathans [J]. International Tax and Public Finance, 2005, 12 (4): 457 -474.

Ravallion M. Carbon Emissions and Income Inequality. Oxford Economic Papers [R]. The World Bank, Washington D C, 1998.

Ravallionz M. Heily M, Jalanw J. Carbon Emissions and Income Inequality [J]. Oxford Economic Papers, 2000 (4): 651 -669.

Reppelin-Hill V. Trade and Environment: An Empirical Analysis of the Technology Effect in the Steel Industry [J]. Journal of Environmental Economics and Management, 1999 (38): 283 -301.

Sedlacek T. Impact of Environmental Factors to Wheat Ethanol Production in the Conditions of Central Europe [J]. Cereal research communication, 2011, 39 (1): 120.

Shafik N. Economic Development and Environmental Quality: An EconometricAnalysis [J]. Oxford Economic Papers, 1994 (46): 757 -773.

Shen J. Trade Liberalization and Environmental Degradation in China [J]. Applied Economics, 2008 (40): 997 -1004.

Siebert H. Environmental Protection and International Specialization [J]. Weltwirtscha-ftliches Archio, 1974, 110 (3): 494 -508.

Sigman H. Decentralization and Environmental Quality: An International Analysis of Water Pollution [R]. Cambridge: NBER, 2009.

Song L, Woo W T. China's Dilemma: Economic Growth, the Environment and Climate Change [M]. Washington: Brookings Insitution Press, 2008.

Stern D I, Common M S, Barbier E B. Economics Growth and Environmental Degradation: The Environmental Kuznets Curve and Sustainable Development [J]. World Development, 1996 (24): 1151 -1160.

Stern D I, Common M S. Is There an Environment Kuznets Curve for Sulfur

[J]. Journal of Environmental Economics and Environmental Management, 2001 (41): 162 – 178.

Stern D I. The Environmental Kuznets Curve: A Primer, CCEP Working Paper, No. 1404, 2014.

Stokey N. Are There Limits to Growth? [J]. International Economic Review, 1998, 39 (1): 1 – 31.

Suri V, Chapman D. Economic Growth, Trade and The Energy: Implication for the Environmental Kuznets Curve [J]. Ecological Economics, 1998 (25): 195 – 208.

TahvonenO , Kuuluvainen J. Economic Growth, Pollution and Renewable Resources [J]. Journal of Environmental Economics and Management, 1993 (24): 101 – 118.

Taylor M S, Antweiler W, Copeland B R. Is Free Trade Good for the Environment? [J]. American Economic Review, 2001 (91): 877 – 908.

Templet P H. Grazing the commons: An empirical analysis of externalities, subsidies and sustainability [J]. Ecological Economics , 1995 (12): 141 – 159.

Thampapillai, et al. The Environmental Kuznets Curve Effect and the Scarcity of Natural Resources: A Simple Case Study of Australia [C]. Invited Paper presented to Australian Agricultural Resource Economics Society, 2003 (24): 28 – 45.

Torras M. Income, Inequality, and Pollution: A Reassessment of the Environmental Kuznets Curve [J]. Ecological Economics, 1998 (5): 147 – 160.

Unruh G C, Moomaw W R. An Alternative Analysis of Apparent ECK-Type Transitions [J]. Ecological Economics, 1998 (25): 221 – 229.

Valluru S R K, Peterson E W F. The Impact of Environmental Regulations on World Grain Trade [J]. Agribusiness, 1997 (13): 261 – 272.

Vukina T, Beghin J C, Solakoglu E G. Transition to Markets and the Environment: Effects of the Change in the Composition of Manufacturing Outout [J]. Environment and Development Economics, 1999 (4): 582 – 598.

Walter I. Ugelow J. Environmental Policies in Developing Countries [J]. Ambio, 1979 (8): 28 -45.

Wang H, Wheeler D. Pricing Industrial Pollution in China: An Econometric Analysis of the Levy System [R]. World Bank Policy Research Department Working Paper, No. 1644, 1996.

Wheeler D. Racing to the Bottom? Foreign Investment and Air Pollution in Developing Countries [R]. World Bank Development Research Group Working Paper, No. 2524, 2000.

Wilson J D. Theories of Tax Competition [J]. National Tax Journal, 1999, 52 (2): 269 -304.